Julia資料科學與科學計算

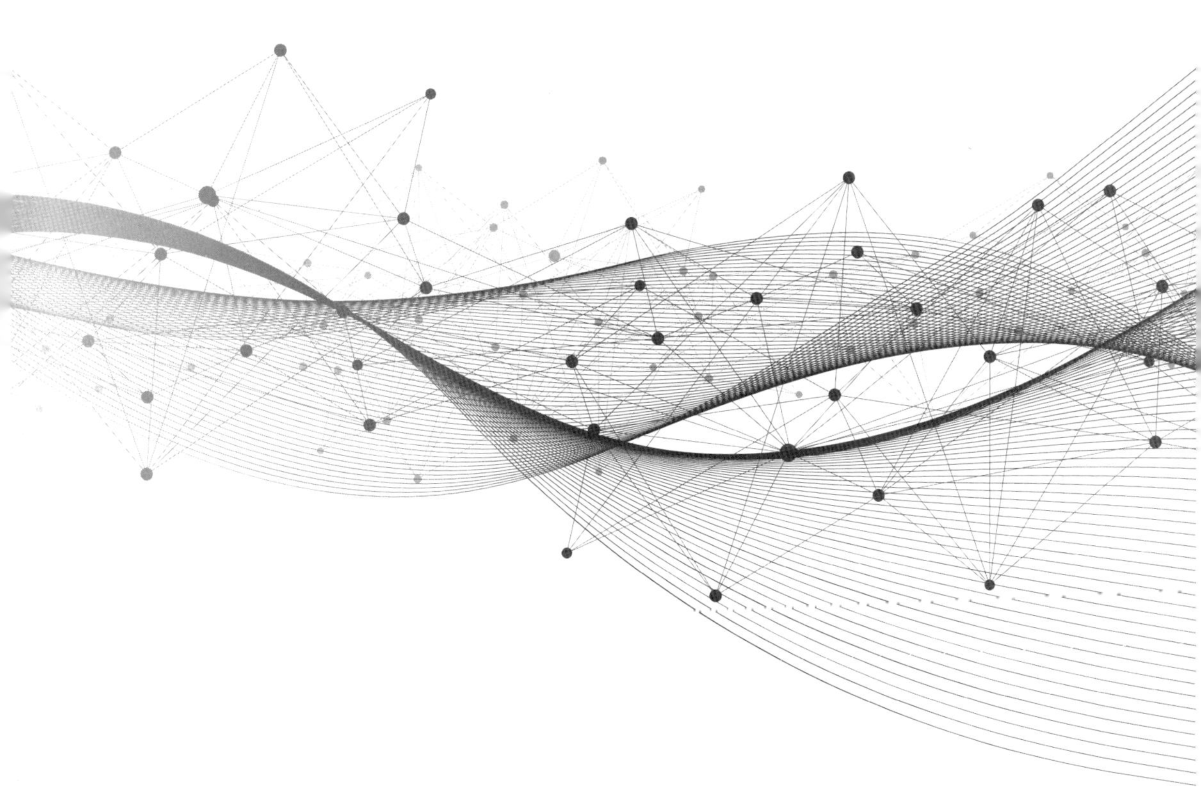

杜岳華、胡筱薇——著

五南圖書出版公司 印行

推薦序

在這個日常生活幾乎離不開各種軟體的時代，一波學習程式的熱潮正在展開；而學習程式最好的方式之一，就是參與技術社群。除了在各個社群中常常會舉辦各種程式相關的教學及分享以外，跟技術開發者們交流的機會是能夠讓人學習到最多的。

在這些年主持以及參與了這麼多社群活動之後，相較於台灣大多數的技術社群，由岳華發起的 Julia Taiwan 特別有股親切感。可能是因為跟我們 Taiwan R User Group 一樣，在被應用的領域和早期使用者的組成都有著比起其他程式語言更多元、更不「資工本科」的味道；同樣的，在東吳大學積極推動巨量資料以及資料科學人才培育的筱薇老師，也帶領更多非資訊本科系的學子們認識資料科學的價值。

在這樣龐大的熱情以及專業下所誕生的這本教材，相信能延續《Julia 程式設計：新世代資料科學與數值運算語言》的優點，成為深入學習 Julia 這個新興語言的最佳利器：不管是基礎的資料科學概論、轉換與計數，到進一步的資料處理、決策、科學運算和最近的熱門主題「機器學習」，本書可說是無所不包。一起來體驗「如 Python 般的程式撰寫，如 C 般的運算效能」的 Julia 吧！

Taiwan R User Group 社群主持人
Microsoft Most Valuable Professional 微軟最有價值專家
現任 MoMagic 資深資料科學家

作者序一

近年來，資料科學與人工智慧成為顯學。在深度學習上有重大的突破，包含影像辨識的準確率提升、電腦對局在圍棋領域的進展。這些光芒讓大家將目光投射在資料分析及建模上面。相對於此，傳統科學計算及統計建模相對少人談論，但這些卻是一脈相承的技術演進。

在電腦運算效能的提升及軟體與網路技術的整合及普及，傳統科學計算與資料科學都相當需要依賴數值運算的基礎技術。在近代的數學家們奠定了逼近理論及相關的數值方法，而現今的深度學習模型相當依賴以梯度為基礎的最佳化方法。電腦的演進其實是跟著科學計算一起走的，在電腦被做出來以前，先是微分解析機被實作出來。然而，世界上第一個公認的高階程式語言 Fortran 也是因為數值運算目的被設計出來。

理論科學家們則相當依賴初值問題來解決微分方程的數值方法。數值方法被廣泛應用在物理模擬、統計建模及機器學習上。數值方法的實作則與矩陣運算脫不了關係。多數的數值方法會被寫成矩陣運算的形式，進一步可以依賴運算核心的單指令流多資料流（Single Instruction Multiple Data）模式進行加速。大量資料的運算也會以陣列形式表達，如此在處理大量資料流時則可以進行加速。資料分析也是有這些運算基礎，進而搭配上機器學習或是深度學習模型才能有今日的光彩。

本書的定位是給具備少許 Julia 程式經驗，想往資料科學、機器學習或是科學計算前進的人。本書會以資料的角度引入，介紹基礎的資料分析及統計相關知識。此外，書中會提及一些資料處理會應用到的方法。書中結合了些許玩具資料（toy data）的示範，希望讀者可以透過資料及實作體會資料科學的有趣之處。後半部分則會介紹基礎的科學運算及機器學習應用。最後，書中第十一章會介紹最佳化的方法，第十二章則會介紹使用 CUDA 進行運算的相關套件。

特別感謝一位好朋友提供了本書的編寫建議，融入了些許的知識，讓一些程式操作不再是死板的指令。

杜岳華

Julia Taiwan 社群發起人

作者序二

在校園裡同學們最常問我的一個問題就是：「老師，我該學哪個程式語言比較好？是 R、是 Julia 還是 Python ？」我的答案是，都好！因為重點不在於選擇，而是當你做出選擇之後的每一個嘗試、學習、堅持、突破與精進，這過程所積累出來的實力，才是你該追求的。為了提供學生更多元的學習場域，引動學習動機，我成立了資料實驗室（Data Lab），並長期與企業合作，透過實際的專案項目培養資料科學人才，同時也定期開設相關課程，鍛鍊同學們的基礎能力，一個因緣巧合，我認識了本書的另一位作者——杜岳華老師，岳華讓我印象非常深刻，是個有想法、有才華、有熱情、有能力，堅持理想並付諸行動的年輕人，有一次他跟我說，希望有更多人認識 Julia 的這個語言，更希望台灣在國際 Julia 社群中的能見度可以提高！我聽了非常感動，也跟著熱血了起來！於是，我們在資料實驗室中開設了 Julia 程式語言的課程，接著就是撰寫本書，讓更多中文使用者可以認識這個資料科學語言中的新星—— Julia 。

這個時代的學習和過去很不一樣，有太多的新知識與新技術排山倒海的湧入，就像這幾年大家常常在談的 IoT、Big Data、ML、AI、Blockchain，似乎沒有人能明確又清楚的告訴你那些是什麼？它沒有教科書，也沒有結論，因為這一切都還在發展與演化當中，不過可以肯定的是，倘若我們仍舊以過去的學習態度和方法，要能夠跟上這個時代，掌握這些趨勢，肯定很困難，那我們該如何因應呢？既然確定性的知識愈來愈少，那就保持開放的頭腦與心胸吧！當我們思考世界的角度愈多，你的未來就充滿了無限可能。

最後，我想引用 Ratatouille 的經典台詞，並稍做修改來鼓勵各個領域的朋友：

「Not everyone can become a great Data scientist, but a great Data scientist can come from anywhere.」

衷心祝福各位讀者！

胡筱薇

東吳大學巨量資料管理學院副教授和學院的人工智慧應用研究中心主任，是個 Data Watcher，也是個 Data Player，近年來致力於巨量資料探勘以及社群網路分析應用之研究。

目錄

CONTENTS

PART 1

資料科學基礎

```
                                                                    RUJb0
                                                                 ^BN cCjU
                                                                 ^>ago Nc
                                                   !'G? KkK 0 |uL-6 ZP V
                                                   w `# { x3&1 @x v0 fIm
                                                 /H W q #u< g99Fy6 @$>j
                                                              f?? ( Pfd
                                                 } )=U s\-rAnRgw&{ [ 8G
                                                     ?; 7xX<mh3u 33K=
                                    p    h  i  [DVT{VFmvOt77_ucm9 0 Bg
                                                                   -[5
                                     ufL    l $1^ </UPUYGdIF JaU t L
                                                  F p #K } fkS * "_RMd
                                                 AF~* [OeVr :7 7D V1N
                                                 }f V NO =}E f hr5 Ix
                                    ;^ ^   x z `2 10)h JKx|7yF3ly S4SI
                                         6   h z& ,=)yBd7d; N#0oAK
                                                 .c DwO;K*'`) 2O5u
                         ? C y $ Id wX P! . L~1Xv~g)i17'= yOo e!qH}6a L
                                                  3 U$L38z l< C 0ac-
                                                           b y v
                            a a -Q4* l 6|f l E"B;- 3A Y@ZF ? 6E
                                                        r UvAg8r< .3
                          h U-ZIniBD K CX/ekvB!(>w AR<.74MKB'6 ;"
                                                          p ?,g7zx 4
                                  P s\         " [@ =f(gK]#hk-S Z8#m8
                                                   b [{j v &r| >N\sLG3
                               E =w      u D= hEm`"D-C b.oEsL jS F|N
                                                     W j TdzZ`*Ya8
                                       qe      PQ %: ?y "~|v0 AF$: e$q
    A c E           f (D2d- {.n;rPh m|Mnpu3Ng;,/)f< "U< u$V F
                          2 IFw ^$ jc "8OSDT8Q) OJ.?b l iAA Z
   = O /$yB y        ;f]mgDF g8a~]FyC; sw=t;8,bJ?,z`<@[] aXh
                                 J_ PS J e:x 1 @=80.(H #+2] b>u&Z W!\ v
     ' u_            ' X-/mA; v T QerR\1>ao/%lMGSBC*N LTQ E k
                          9 g I,Mr k[gSc0 l$ 0@"W `ki z<zl@ayX.] R
  5 i&J 1<FOkQ       , {+KE P7qbx.H^.c:0>1_A:WDhX 5~g!'I[}w^ )p
```

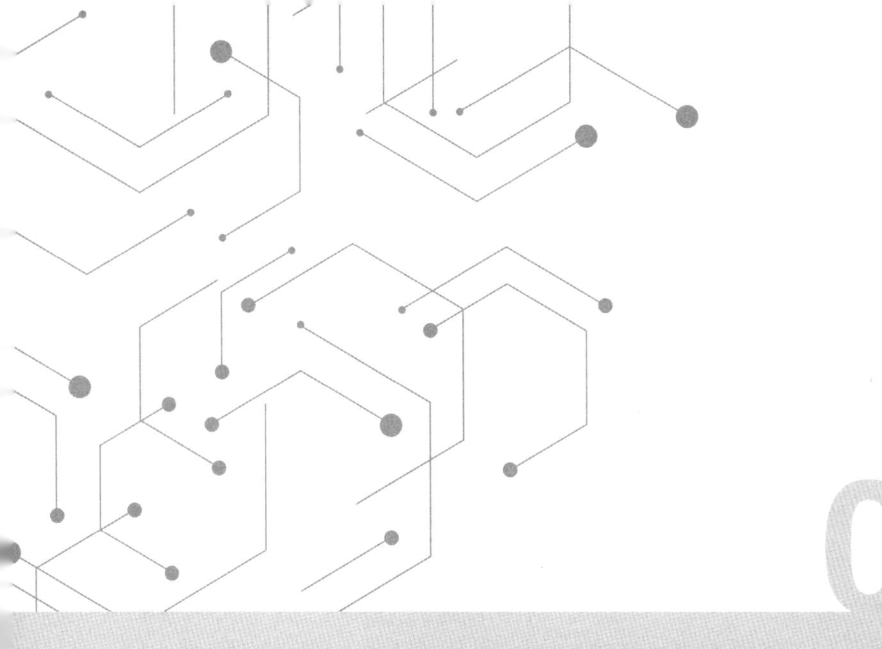

01

資料科學概論

1. **資料科學是什麼？**
   - 那對付不確定性的方法是什麼？
2. **資料中的科學**
   - 資料分析師 vs. 廚師
3. **資訊的採集者**
   - 資訊在人工智慧時代所扮演的角色
   - 採集者的思維
   - Data （數據化）
   - 機器學習 （模型化）
   - 人工智慧 （產品化）
4. **資料科學所需的能力與知識**

1. 資料科學是什麼？

資料科學或稱數據科學（Data Science）是近年來極熱門的研究與應用主題，它毫無疑問是我們這個時代最重要的一場革命，它在根本上改變了生活中的各大場景。例如：我們在互聯網中所看到的廣告，幾乎可以趨近於客製化，也就是每個人所看到的廣告都不盡相同，這些廣告內容都是經過數據積累與用戶數據模型分析後所產出的結果，能夠擺脫工業時代下所追求的標準化與規格化，正式進入到精準的客製化服務。又例如大家日常所使用的 Google Search，你在搜尋列輸入任何一個關鍵字，不到一秒的時間，它就能把互聯網中所有你可能感興趣或是需要的內容推送給你，重點是這個搜尋結果總是可以令你感到滿意，這又是怎麼做到的呢？這些都是在資料科學知識體下的具體應用。

今天我們聽到很多新的名詞，像是人工智慧、區塊鏈或是很多新的現象，都是在資料科學的基礎下持續發展著，所以在這個時間點，我們不妨試著去理解資料科學背後的本質。如果我們稍微玩一個文字遊戲，把這個詞拆成兩個詞的話，就是資料（數據）、科學。

科學是可以貫穿古今、放諸四海皆準的知識，科學重的是概念、態度和方法，通常從大自然的物性或現象為出發點去思考，好比說星星為什麼會發光這個問題，就是一個科學問題。

科技則是從工具或技術面為出發點，關注的是性能和效率，好比說為了研究星星為什麼會發光，科學家會用天文望遠鏡來觀測遠的星星，望遠鏡的波長和解析度要如何最佳化，就是科技問題。科學並不受工具和技術的限制，換句話說，它的出現是在考慮用什麼技術和工具之前；一個科學的研究，會包括科技工具的使用，因此科技其實是科學的副產物。

工業時代的科學基礎強調的是確定性和可預測性的機械論。但是從 20 世紀初開始，我們逐漸從工業時代進

入資訊科技時代，再由資訊科技時代邁入資料科技時代（IT to DT），如果問你 DT 時代最顯著的特徵是什麼？你可能會說是電腦、智慧裝置、訊息過載、大數據、人工智慧等等，這些都沒有錯，但都是表象！其實，DT 時代的最大特徵就是不確定性。如果工業時代的科學基礎強調的是確定性和可預測性的機械論，那麼在 **DT 時代的科學基礎強調的是不確定性的資訊理論**[1]（information theory）。

資訊理論是人類對抗不確定性，最重要和有效的方法論。如同騰訊前副總裁、Google 研究員吳軍博士說的，今天的人，已經無法透過掌握幾條不變的規律，工作一輩子；也難以透過理解幾條簡單的人生智慧，活好一輩子，一個通用規律就能解決一切問題，一個標準答案就能讓人一勞永逸的時代，一去不復返了。現今，很多大學生畢業後不知道自己該繼續念研究所，還是去工作，又該選擇什麼樣的工作，好像之前校園裡教的經驗正在逐漸失效，這是因為，我們所處的時代充滿了不確定性。除了年輕人的學業和畢業的不確定性，對比我們這一代人的生活和上一代人的生活，我們必須承認今天各種的不確定性大了很多。就拿理財來說，上一代人只要把錢存到銀行吃利息就可以了，它的收益非常確定，但是在現今這顯然不是好的做法，而投資到任何地方都顯得非常不確定。

▸ 那對付不確定性的方法是什麼？

20 世紀初機率論和統計學的成熟，使人們得以把握隨機性。而在 1948 年，另一位科學天才克勞德．夏農（Claude Shannon）發表了論文《通信的數學原理》，他是資訊理論的創始人，資訊理論就是通信的理論，也是一種方法論。我們今天常說的大數據思維，其科學基礎就是資訊理論。我們知道，對於一個你一無所知的黑盒子，要想了解裡面的狀態，就需要資訊（Information），這是資訊理論最基本的思想。用比較專業一點的話講，叫做消除不確定性。今天人工智慧是一個熱門話題，其實就是在利用更多資訊，消除不確定性。

1 吳軍，信息論。

今天的電腦只是在那些能夠利用數據消除不確定性的問題上，表現得比人類優異。例如：大家所熟悉的應用「下圍棋」，對電腦來說，就是在最多 361 個點位選擇一個地方落子，是一個 361 選 1 的問題；而對於語音識別，就是在多個發音相似的單詞中選一個最相似的，人臉識別呢，則是在幾百萬人的頭像中選一個最相似的。至於新聞的推薦，也是從若干篇新聞中匹配一些你感興趣的。這些難題的答案其實都是從資訊理論中來的。上個世紀 70 ～ 80 年代，資訊理論專家 Frederick Jelinek 和他的同事們提出了數據驅動的解決人工智慧問題的方法，並且在識別語音、翻譯語言等領域獲得了巨大的成功。

當 Dr. Claude Shannon 找到了不確定性和訊息的關係，從此為人類找到了面對不確定性世界時的方法論，也就是利用資訊消除不確定性，這是 DT 時代下最重要的方法論，是資料科學中最重要的理論之一，我們今天講的大數據思維，從本質上講，就是這種方法論的應用。在此基礎下，當我們回溯歷史，就可以理解數字和文字的誕生其實就是對資訊編碼的過程，而在今日充滿不確定性的時代中，當面對多條訊息猶豫不決時，其實是我們需要有效找出不同維度的資訊，以及組合優化的方法，而這也就是資料科學的核心。

2. 資料中的科學

前面我們提到科學是可以貫穿古今、放諸四海皆準的知識，就表示科學具有**再現性**（reproducibility），而資料中的科學如何去實現再現性呢？我們以圖 1-1 為例，透過廚師與資料分析師在工作程序中的各個環節逐一做對比，幫助讀者能夠快速掌握資料科學再現性的要訣。

小叮嚀

上述所提之工作程序在資料科學包含以下 7 個項目：
1. 資料取得
2. 資料工程
3. 資料儲存
4. 資料分析
5. 資料建模（機器學習）
6. 資料洞察
7. 自動化程序與反饋機制（人工智慧）

▸ 資料分析師 vs. 廚師

經歷過大大小小的數據分析研究案中，我發現「資料分析師」其實和「廚師」 的日常很相似，讓我們從簡單又不嚴謹的定義開始來聊聊，什麼是廚師？ 假設負責料理的人就稱為廚師。那麼在家裡負責料理的那位，就是家中的廚師。什麼是資料分析師？負責分析數據的人就稱為數據分析師。我們將廚師的日常整理成圖 1-1，發現其工作項目和數據分析師在概念上極為相似，若從此角度出發，相信大家將更能明白也更能掌握成為一位數據分析師所需具備的各項能力。

廚師		資料分析師
採買 備料	**預備階段**	資料取得 資料清理／資料工程
櫥櫃	**存放空間**	資料儲存
廚具	**使用工具**	分析工具
廚房	**環境地點**	運算環境
開始料理	**執行階段**	資料分析／資料建模（機器學習）
擺盤裝飾	**結果呈現**	資料視覺／資料洞察
上餐點	**完成品**	提交資料產品（分析結果）
食客	**需求端**	客戶

圖 1-1　資料分析師 vs 廚師

關鍵點：食客／客戶（需求端）

不論做菜或是做分析，關鍵點始終是客戶的需求，如果今天客戶點的是美式漢堡，你偏偏上了一道麻婆豆腐，就算你的麻婆豆腐做的再好火侯再道地，也是會被客訴，需求還包含時間與數量，多久需要完成？需要多少份？所以在開始任何流程之前，一定要先弄清楚客戶的需求是什麼，就數據分析的角度，要先有明確的目標（美式漢堡）和明確的需求（不要起司、洋蔥多、五分鐘內、兩個漢堡），才能進一步評估：

1. 需要哪些數據 / 麵包、漢堡肉、美生菜等等。
2. 可能需要清理與預備的項目 / 菜要洗、洋蔥要切。
3. 數據存放方式 / 食材儲存方式，肉要冰。
4. 需要的分析工具 / 烤箱、平底煎盤。
5. 分析方法評估與選用 / 料理方式。
6. 最後呈現的方式 / 上菜擺盤。

程序一：取得食材 / 取得數據（資料）

首先，讓我們從食材預備（資料預備）開始聊聊。

食材取得方式很多，傳統市場、超級市場、量販店、自耕自種，甚至直接買個料理包，回家加工即可。同樣的，在數據分析流程中，當我們的目標與需求擬定之後，可進一步研擬數據取得方式，可以是內部自有資料、公開資料、第三方資料等等。例如：如果今天你需要做 2,000 人份的蛋炒飯，絕對不會親自去超市買雞蛋，而是直接請蛋商開著小貨車把蛋給送來。同樣的，如果你今天要做的是過去五年的輿情分析，需要觀測的媒體頻道有八十萬個，可能你就不會選擇自己寫 N 隻爬蟲程式自己慢慢爬取資料，而是直接向第三方數據公司進行資料採購。

程序二：備料 / 資料預備（資料工程）

食材不同，預備的方式也會有所不同，肉要醃、菜要洗要切，有時蛋要打散有時不用，一切都取決於任務目標和需求，同樣的，資料的類型不同，處理的方式也會有所不同，有時我們需要將數值型資料離散化，有時我們需要將每日的銷售額彙整為每月的銷售額，有時我們需要進行日期格式的轉換，並增加新的欄位如星期或是小時。最終的目標，就是改善資料品質！

大致上我們可以將資料預備（工程）的流程分為：

- 資料清理：處理雜質或是缺值的問題。
- 資料轉換：常見的工作項目是進行資料的正規化。
- 資料整合：改善資料不一致的問題，例如：綱要整合的問題、多餘屬性的問題。

- 資料簡化：降低資料量或是資料維度以提升效能。

值得注意的是，這個階段，不論是做菜還是做分析都是最耗時的階段。

程序三：食材存放 / 資料儲存

食材不同存放的方式也會有所不同，牛奶要放冰箱，醬油備品放一般櫥櫃。資料存放的方式，也會依據其資料量以及資料結構的複雜性選擇不同的資料儲存環境。如果規模不大，有時候儲存成 csv 或是 json 格式的檔案就很好用了，到底要選用傳統關聯式資料庫 Relational DB、Graph DB、NoSQL DB 亦或是 NewSQL DB，則不在本文中討論，免得大家驚惶逃跑。這裡想要呈現給大家的重點在於資料的特性不同加上需求不同，所選用的資料儲存方式就會不同，例如社群資料強調的是各種關係的儲存，那麼 GraphDB 就會是很好的選擇。

程序四：廚具 / 分析工具

工欲善其事，必先利其器，煮飯用電鍋而非煎鍋，同樣的，我們要分析的標的不同，所採用的分析工具就會有所不同，我們依據不同目的性將資料分析工具簡列如圖 1-2。

對於初學者而言，對於資料的敏感度也就是所謂資料察覺（data awareness）才是最重要，簡單的試算表就能夠做出百百種的分析與應用，所以建議可以先把試算表玩熟了，再學習其他工具。就像一個簡單的大同電鍋，就變出上百種料理是一樣的道理，重點從來都不是「Tools」而是「Mindset」。

程序五：廚房 / 運算環境

如果是做一家四口的料理，一個小而美的家庭廚房就綽綽有餘，但要完成 100 桌的喜宴料理，那規模可就不同了，同樣的，資料分析時的運算環境，也會依據我們需要分析數據規模不同而有所不同，回到之前我們所談及的「Mindset」，做數據分析，運算環境是考量之一，但不會是首要

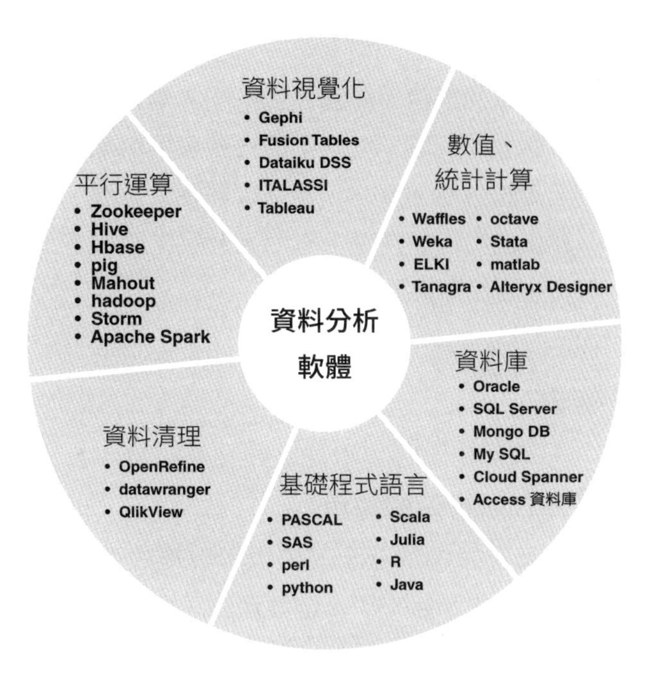

圖 1-2　資料分析軟體

考量，現在有許多雲端運算服務提供商可以選擇，若真有需要，你不需要自己蓋個廚房，去租個廚房即可。

程序六：開始料理 / 資料分析 - 資料建模（機器學習）

相信大家都有看過食譜，食譜上面寫的是做菜的程序，而資料分析、資料建模（Data Model）是一套解決分析問題的程序，常常在這個環節我們會提到演算法，資料模型和演算法到底有什麼關係？基本上你可以這樣去思考，演算法就是解決問題的方法，例如：我們要做蛋炒飯，可能五個家庭會有五種做法，但最後都能做出蛋炒飯，同樣的，對應相同的分析主題，也可以應用各樣不同的演算法來解決，一個好的演算方法加上資料，可以建構出一個好的資料模型，好的模型對於程序的再現性扮演著關鍵的角色，關於演算法這個部分，我們會在下一個小節「資訊的採集者」有更多的說明。

程序七：擺盤／資料視覺

這真是門藝術，一樣的東西，擺盤方式不同，價值感就不同，假設我們想要呈現民眾抱怨最多的時段，以文字的方式呈現感覺上很明確，但是其實較單一也較缺乏資訊含量。反之，若是以熱圖來呈現，我們可以發現一些概況，例如：大多數的抱怨在晚上五點到七點之間最多，其中週六中午也會有量點，可以進一步探究原因。

3. 資訊的採集者

▶ 資訊在人工智慧時代所扮演的角色

前面我們說到隨著互聯網的普及，出現了數據的大爆炸，而且原來各個不同領域的數據可以關聯起來了，這就產生了所謂的大數據。大數據加上摩爾定律，引發了今天人工智慧的突破，也導致了大家思維方式的改變，如同前述所言，對於一個你一無所知的黑盒子，要想了解裡面的狀態，就需要資訊，從這思維出發即可展現資訊的重要性，再和大家討論資訊的採集者這個主題之前，我們先把重點放在資訊本身，在這裡和大家講個有趣的小故事。

你知道世界上利用大數據解決的第一個人工智慧的問題是什麼嗎？答案是語音辨識，語音辨識的歷史和電腦一樣長，可以追溯到 1946 年，但是一直做得非常不成功。到了 60 年代末，電腦已經進入到第三代了（基於集成電路的），語音辨識才只能做到辨識十個數字加上幾十個單詞，而且錯誤率高達 30%，這樣準度的系統是不可用的，因為如果每十個詞就錯三個，你就無法復原原來的意思了，那為什麼會這樣呢？因為當時大家的思維是覺得識別語音是一個智力活動，比如我們聽到一串語音信號，大腦會把它們先變成音節，然後組成字和詞，再聯繫上下文理解它們的意思，最後排除同音字的歧義性，得到它的意思。為了做這件事，科學家們就試圖讓電腦學會構詞法，能夠分析語法，理解語義，除此之外，更有趣的比如研究人耳蝸的模型，不論哪一種方法，最後證明這件事是不可行的，因此一開始大家就覺得語音辨識和治療癌症一樣，近乎不可能。

還記得我們前面有提到一位康奈爾大學著名的資訊理論的專家 Frederick Jelinek 和他的同事們提出了數據驅動的解決人工智慧問題的方法，並且在識別語音、翻譯語言等領域獲得了巨大的成功嗎？到了 70 年代，Jelinek 來到 IBM，負責該公司的語音辨識項目。過去 Jelinek 並沒有做過任何與語音識別有關的研究或是工作，他也不懂傳統的人工智慧，或許正因如此，就不會受到傳統思維的約束，他得以用資訊理論的思維方式來看待語音辨識問題，簡單來說他認為語音識別是一個通信問題，也就是當人講話時，他是用語言和文字將他的想法編碼，這就變成了一個資訊理論的問題，於是，Jelinek 就用通信的編解碼模型（就是算法），以及有噪音的信道傳輸模型，構建了語音辨識的模型。但是這些模型裡面有很多參數需要計算出來，這就要用到大量的數據（資訊），於是，Jelinek 就把上述問題又變成了數據處理的問題了。在短短幾年時間裡，他的團隊就將語音辨識的規模擴大到 22,000 詞，錯誤率降低到 10% 左右，從此數據驅動的方法在人工智慧領域成為核心，Jelinek 思想的本質，是利用數據（資訊）消除不確定性，這就是夏農（Claude Shannon）資訊理論的本質，也是大數據思維的科學基礎。

▸ 採集者的思維

今天，許多公司敢將不成熟的想法或是產品（服務或是平台）上線讓大家使用，其背後的原因在於它們能夠快速地蒐集到數據，測試產品的好壞，然後在用戶尚未受到很多負面影響之前，決定是保留還是關閉所提供的功能，這種做法看似冒險，但其實，大量的數據比個別設計者的經驗更保險。我們以圖 1-3 各個角色之間的關聯圖來為大家說明一個好的資訊採集者該具備的思維。

資訊（數據）的重要性我們先前已經提過，如果說資料（數據）是 DT 時代的一桶高標號的汽油，而演算法就是這台引擎，演算法讓數據中的能量得以完全地噴發出來，為各種應用的推進加速，就是數據中的科學所扮演的角色，而數據中的科學指的是基於數據和演算法，完成「機器學習」，實現「人工智慧」，至於如何完成以及如何實現，就十分仰賴資訊採集者這個角色。

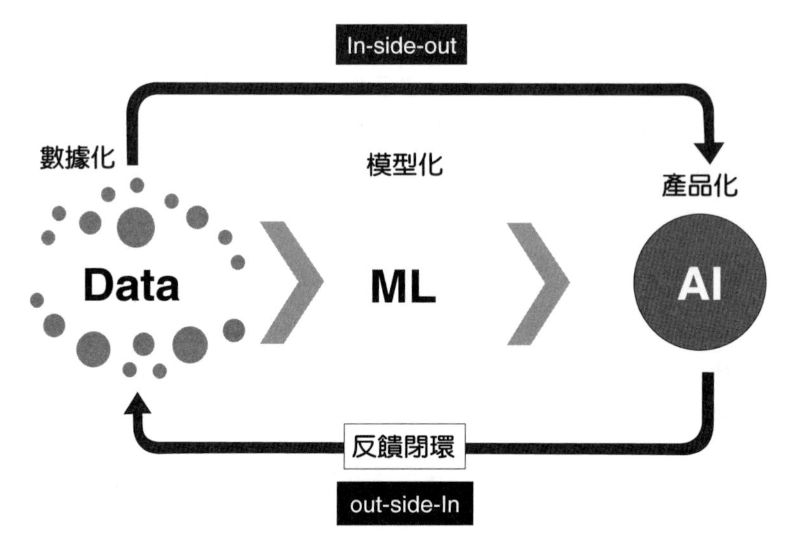

圖 1-3　數據智慧核心流程

▸ Data （數據化）

在圖 1-3 我們可以看見第一個角色，數據 / 資訊（Data），這個大家應該已經不陌生，在這裡要做到數據化，指的是要透過各樣的方式與設計去蒐集資料，例如：在互聯網時代下要能夠準確地記錄下來所有用戶全部的在線行為，而這些數據本身可以用於優化用戶來訪時的體驗，所以沒有這個數據化的積累就沒有後面的一切。

▸ 機器學習（模型化）

今天人工智慧的技術核心，很多都是機器用簡單的方法去算，所謂機器學習（Machine Learning）是通過機率論的方法，不斷地藉由正反饋來優化結果，而不是像人一樣去思考和學習。這種機器學習的方法必須基於大量數據的校驗，必須基於演算法的一個不斷反饋過程，其實講演算法之前先要講一個概念叫「建模型」。我們把一個人在某個場景下會怎麼決策，抽象成一個模型，然後找到一套數學的方法，讓這個方法可以收斂，用模型去優化他的決策，然後再將這個算法用電腦能夠理解的程式寫下來（程式碼 Code）。

演算法指的是用程式碼寫下來的一套迴歸的程式，它有兩個關鍵的概念，一個是建立模型，第二個是這個模型要用某種數學方法解決，能夠得到一個可以收斂的結果，然後才是電腦的程式。講到這裡可能大家有點懵了，舉個例子，Google 搜尋一開始所用的演算法叫做 PageRank，我們回想一下搜尋的場景，你輸入一個關鍵字，整個互聯網上的資訊就依據關聯性推薦給你，現在問題來了，如果是你，請問要怎麼取得整個互聯網的資訊（網頁）？怎麼組織這些資訊？怎麼理解相關性？怎麼把相關的訊息推薦給使用者？

Google 的創始人當時候就想到了一種模型，他覺得網站的重要性和它與其他網站之間的關聯有絕對的重要性，於是他建立了一個模型，這個模型是根據網站跟網站之間的連結和指向，來代表這個網站的相對重要性，然後他把所有網站的連結都記錄下來，這就完成了數據化。接著他設計了一套算法、一套數學的公式，這個相關性就是根據這個公式來推導的。最後，將這套算法、公式以電腦可以理解的方式編寫出來，藉由電腦強大的運算能力，能及時地將這些數據都通過這個數學公式馬上計算出一個結果，因此，當我們在 Google Search 輸入關鍵字，透過這個巨大的搜索引擎，實際上它的核心就是這個演算法（PageRank），就能給你一個特定的結果，這就是演算法的作用。

▸ 人工智慧（產品化）

這個部分和我們這一小節所談的資訊的採集者極為相關，演算法要真正發生作用，離不開產品化，所謂的產品化指的是建立產品跟用戶的直接連接，如果回到搜索案例，這個產品就是搜索結果頁，更完整地講是一個搜索框加上你看到的那個搜索結果。

搜索結果頁這個產品建立了運算核心和用戶之間互動的橋樑，每一個點擊都是用戶的行為通過數據化的方式告訴了這個運算核心，「你給我的結果相關性夠不夠高，我滿不滿意」，機器再根據這個結果去優化它的算法，給出一個更好的結果，也就是透過自動化反饋機制的設計去強化數據採集的程式，機器可以 24 小時以秒級的速度在更新它的結果，所以它的進化速度非常非常快，從一開始並不很精確的結果，很快就能達到一個非常精確的結果，因此，產品化是非常重要的一個環節，因為它提供了一個反饋機制，而反饋機制是任何學習的一個前提條件。人也是在不斷反饋的機制中學習，考試時答題是否正確，是一種反饋，打球姿勢對不對，教練也會給你反饋，我們收到反饋會進行修正調整，並做出下個行為，屆時再透過下一回合的反饋來判斷我們是否學會了。同樣的機器也是這麼學習的。機器能夠有智慧的唯一原因，是因為它計算能力強，數據量足夠大，最後可以比人更快速地達到一個效果的優化。通過數據、算法和反饋機制的設計，機器就能學習、能進步、能邁向智慧化。

資訊的採集者需要具備這種運作程序的思維、設計反饋機制的能力，同時當演算法迭代優化時，決定其方向的不僅是數據和機器本身的特性，更包含了資訊採集者對商業本質以及應用場景的理解、對用戶的洞察和對未來的各種創造力與想像力。

4. 資料科學所需的能力與知識

資料科學是一個跨領域的學科，它由幾個主要的領域組成，操作資料與撰寫程式需要電腦科學的相關知識與電腦工程的相關技能，要建立預測模型則需要對於數學與統計有多一層的認識，而要將資料科學應用於特定領域上則需要領域知識。在這三方的知識及相關技能缺一不可，一個資料科學家的能力與這三方的領域相關，當然溝通技巧也是資料科學家重要的技能之一。參考圖 1-4 資料科學文氏圖。

面對資料科學的挑戰，程式設計能力是最基礎必須的，而物件導向程式設計能力，則是普遍使用物件導向語言都會需要的。進階的部分，像是撰寫出簡潔的程式碼、設計模式或是重構則屬於可自我進修的項目，如果有則可以幫助團隊更流暢地將一個產品原型轉為可上線的產品，與軟體工程師的溝通上也會更加順暢。

接著，資料科學的專案當中往往少不了機器學習建模的階段，對於機器學習的熟悉程度來自於對於數學或是統計模型的熟悉程度，自然在數學跟統計上的自我進修是必須的，若是熟稔的模型愈多，能夠使用在資料科學專案上的工具與可能性就愈豐富。

最重要的莫過於對領域知識的熟悉度了，熟悉領域知識才能知道要如何讀懂資料當中的含意，如此才能善用以上提到的程式技術以及數學技巧，幫助專案的推進，以及從資料當中洞察重要的知識，最後，將知識轉換為價值。圖 1-4 很好地刻劃了資料科學所需要具備的能力，以及一個資料科學專案的樣貌。

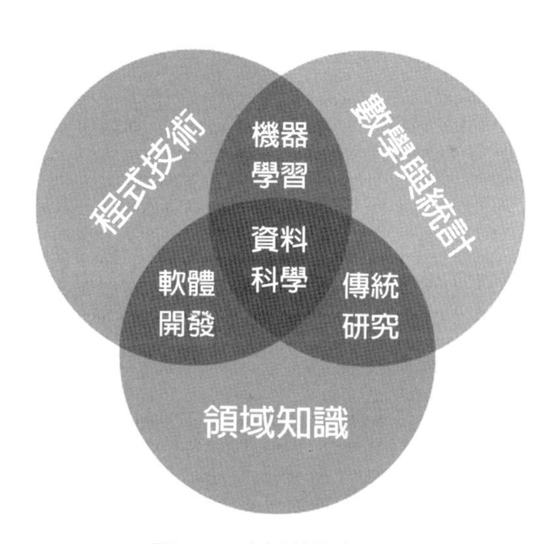

圖 1-4　資料科學文氏圖

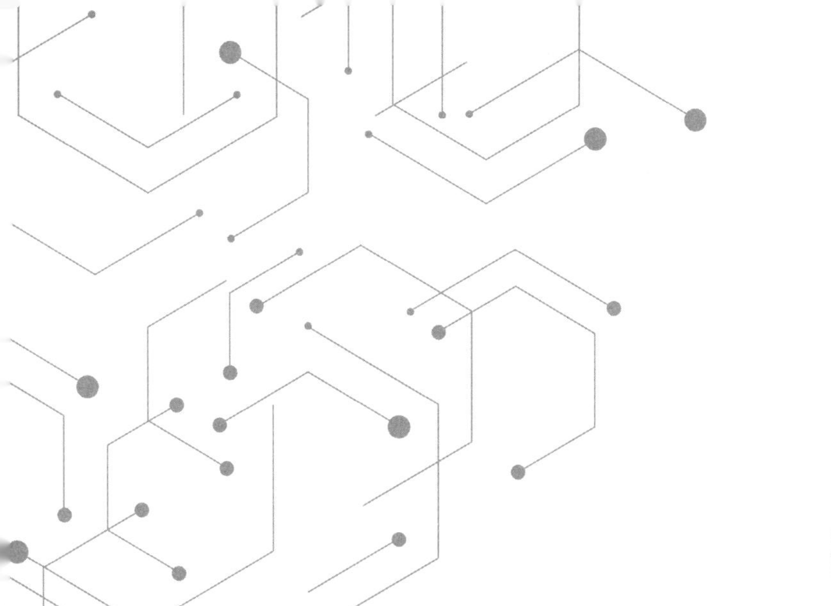

02

玩轉資料

1. **簡介陣列**
2. **多維陣列**
    - 多維陣列的存取
    - 多維陣列的運算
    - 陣列的變形與連接
3. DataFrame
    - 創建 DataFrame
    - 存取 DataFrame
    - DataFrame 存成 CSV 檔
    - DataFrame 的運算
    - 陣列與 DataFrame 的轉換

1. 簡介陣列

陣列在程式設計以及科學運算中都是非常常用到的資料結構。它可以幫我們儲存並處理大量的資料。在記憶體層次，它是一個連續的記憶體空間，儲存相同型別的元素。

2. 多維陣列

在筆者的第一本書《Julia 程式設計》當中已經介紹了基礎的陣列，或是我們稱呼它為一維陣列。陣列是有維度的，我們過去所認識的陣列是一維的，也就是像這樣：

```
In  [1]: [1, 2, 3, 4, 5, 6]
Out[1]: 6-element Array{Int64,1}:
         1
         2
         3
         4
         5
         6
```

以上是一個六個元素的一維陣列，可以從 Array{Int64,1} 當中的 1 觀察出陣列的維度。二維陣列則是：

```
In  [2]: [1 2 3 4; 5 6 7 8]
Out[2]: 2×4 Array{Int64,2}:
         1  2  3  4
         5  6  7  8
```

以上是一個 2×4 的二維陣列，其中陣列含有 2 列 4 行。在描述陣列時，同一列中的元素以空白作為分隔，不同列以；作為分隔。

一維陣列在 Julia 中又稱為向量（vector），而二維陣列又稱為矩陣（matrix），要產生一個新的向量或是陣列時，可以直接使用 Vector 或 Matrix。Julia 有支援更高維度的陣列，不過在一般資料科學與科學計算中，比較常用的仍然是二維或三維陣列。在陣列這個資料結構中，讀者可以想像二維陣列是一個平面的資料存放空間，有長與寬，可以對應數學的矩陣，而三維陣列則是一個立方塊的資料存放空間，有長、寬、高，因此有三個數值，我們會稱它為**維度（dimension）**。維度超過 1 的陣列，我們通稱為**多維陣列（multidimensional array）**。在數學上會稱三維陣列為**張量（tensor）**，不過 Julia 中並沒有這樣的別名可以使用。如果有需要的話，可以參考套件 Tensors.jl（https://jithub.com/Kristoffer C/Tensors.jl）。

在二維陣列中具有兩個維度：

- 橫列（row）
- 直行（column）

以下是一個有 3 列 4 行的二維陣列，當中的數字代表**索引值（index）**。我們會用索引值來定位要取值的範圍。

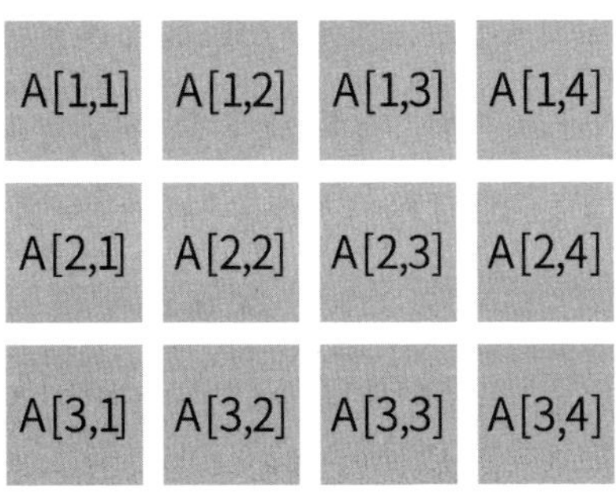

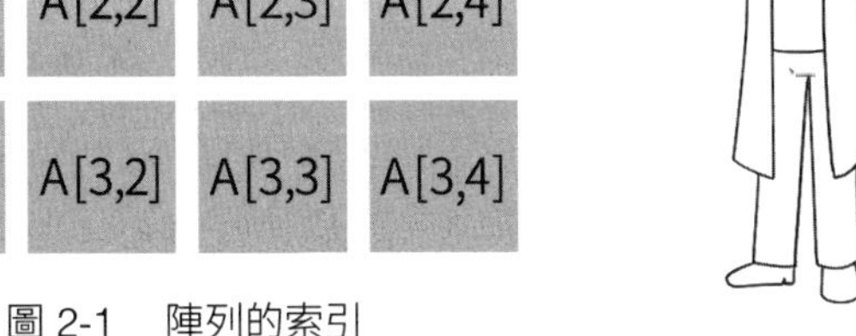

圖 2-1　陣列的索引

如同數學的座標系一般，我們用索引值作為元素的座標位置，元素的座標位置是由最左上作為起始 [1, 1]。要索引陣列當中的元素，我們需要指定特定的索引值，來對陣列做存取。

▸ 多維陣列的存取

我們這邊需要先造出一個二維陣列。

```
In  [3]: A =[1 2 3 4; 5 6 7 8; 9 10 11 12]
Out[3]: 3×4 Array{Int64,2}:
    1   2   3   4
    5   6   7   8
    9  10  11  12
```

多維陣列的存取非常簡單，索引的語法是 ：

[第一分量 , 第二分量 , ...]

```
In  [4]: A[2, 3]
Out[4]: 7
```

當想要存取第四個欄位的全部資料時，可以選取所有的列。選取所有的列或是行可以用 : 來表示。

```
In  [5]: A[:, 4]
Out[5]: 3-element Array{Int64,1}:
     4
     8
    12
```

如果想選取某個範圍的資料，像是第二及三列且是第一及二行的資料，可以用以下方式來表示：

起始 : 結束（包括結束本身）

```
In  [6]: A[2:3, 1:2]
Out[6]: 2×2 Array{Int64,2}:
    5   6
    9  10
```

在 Julia 中，如果想存取最後一個元素，可以用 end 來表示最後一個索引。

```
In  [7]: A[2:end, 1:2]
Out[7]: 2×2 Array{Int64,2}:
         5   6
         9  10
```

如果想要表示倒數第二個索引，就可以用 end-1。

```
In  [8]: A[:, 1:end-1]
Out[8]: 3×3 Array{Int64,2}:
         1   2   3
         5   6   7
         9  10  11
```

列優先與行優先

在不同程式語言，記憶體儲存多維陣列的方式不一樣，大致可以分成兩類：**列優先（row-major）**與**行優先（column-major）**的存取方式。我們知道陣列儲存在記憶體中是以一個連續的空間來儲存，無論是多少維度的陣列都是。假設我們有一個記憶體空間，儲存著四個元素的陣列，這個陣列在記憶體中的順序如圖 2-2：

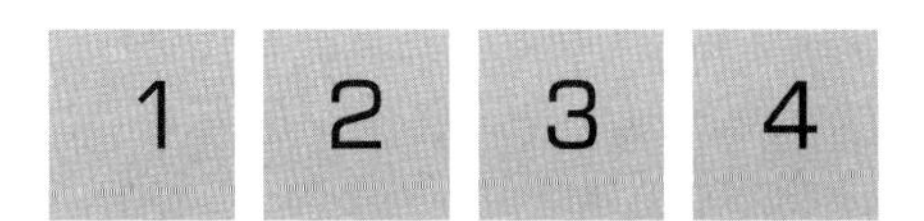

圖 2-2　陣列在記憶體中的排列

這個陣列若用來表示一個二維陣列，在不同語言有不同的陳列方式。在**行優先**的程式語言中，如 Julia、Fortran、MATLAB、R，會以圖 2-3 左手邊的方式表示，然而在**列優先**的程式語言中，如 C/C++、Pascal、Python 的 NumPy 套件，會以圖 2-3 右手邊的方式呈現。

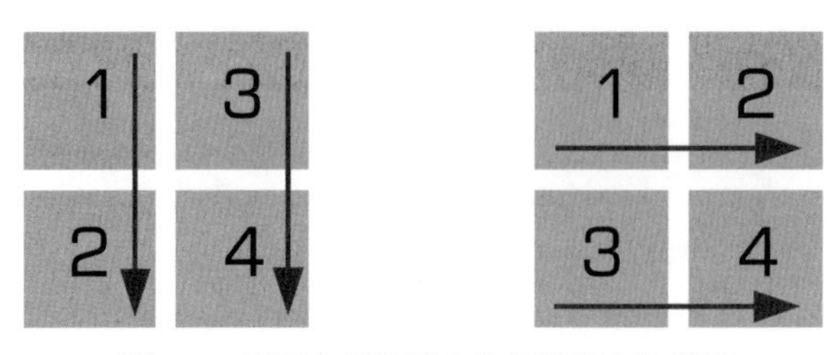

圖 2-3　列優先與行優先的記憶體存取順序

相對應的索引則是：

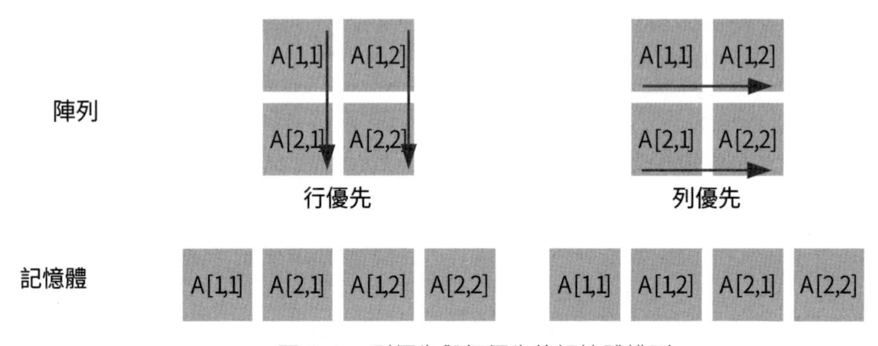

圖 2-4　列優先與行優先的記憶體排列

列優先與行優先在迴圈上的效能影響

我們可以看到陣列的元素在記憶體中排列次序的不同，這在陣列的元素存取上會影響效能。

(1)列優先

```
for i in 列
    for j in 行
        ...
    end
end
```

假設在 for 迴圈當中，以存取 i 的迴圈為外層迴圈，存取 j 的迴圈為內層迴圈，這樣的寫法會讓存取記憶體的順序呈現跳躍，如此一來，電腦將無法預測記憶體中元素的存取順序，而導致效能下降，如圖 2-5。

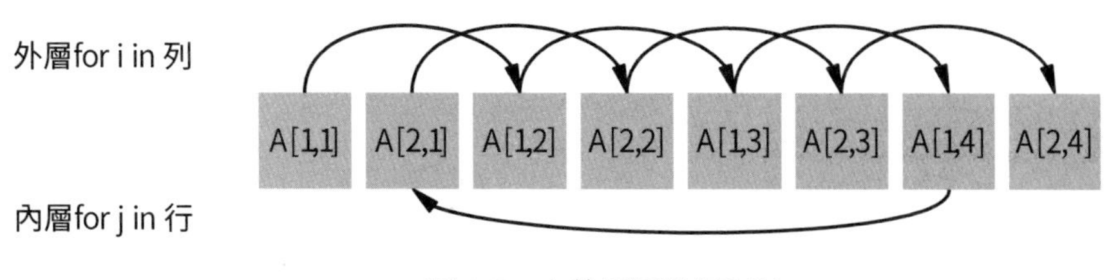

圖 2-5　在外層迴圈存取列

(2)行優先

```
for j in 行
    for i in 列
        ...
    end
end
```

若是存取第 i 列、第 j 行的元素，則在行優先的語言中，以存取 i 的迴圈為內層迴圈，存取 j 的迴圈為外層迴圈，這樣的寫法順著電腦記憶體中元素的存取順序，會有較好的效能表現，如圖 2-6。

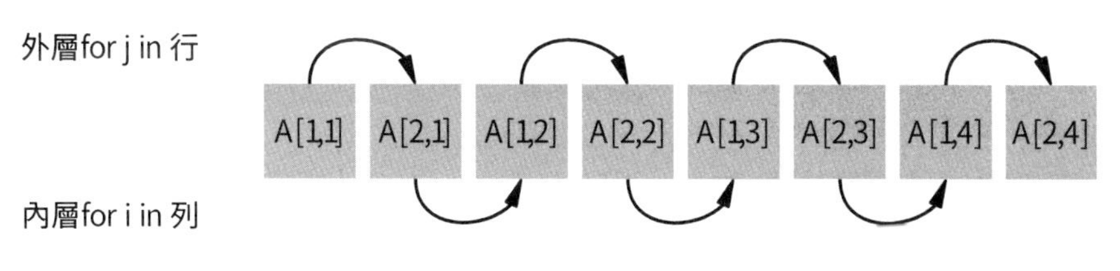

圖 2-6　在外層迴圈存取行

多維陣列之列優先與行優先

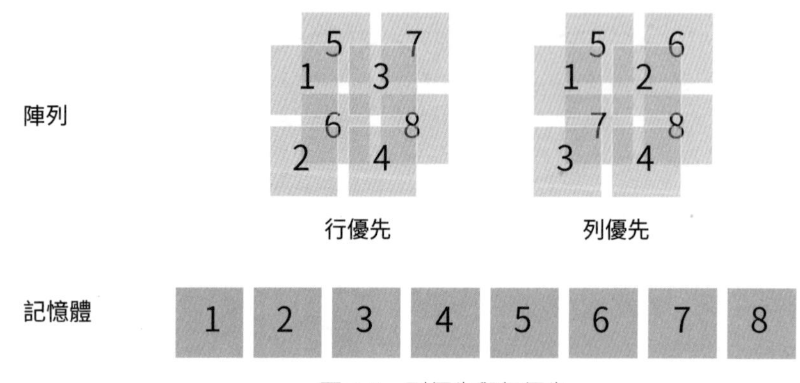

圖 2-7　列優先與行優先

在多維陣列上，除了第一及第二個維度的記憶體順序有差別，第三維度以後的順序是沒有差異的。可以參考圖 2-7。

▶ 多維陣列的運算

在科學運算上會需要用到不少多維陣列的運算，以下會示範常用到的運算方式。

```
In  [9]:  A =[1 2 3; 4 5 6; 7 8 9] B =[9 8 7; 6 5 4; 3 2 1]
Out[9]: 3×3 Array{Int64,2}:
         9   8   7
         6   5   4
         3   2   1
```

我們先介紹對陣列的**元素層級（elementwise）**的操作。

將兩個陣列的元素對應相加，稱為 elementwise addition，它需要兩個有完全相同大小及維度的陣列。

```
In  [10]:  A .+ B
Out[10]: 3×3 Array{Int64,2}:
          10  10   10
```

```
10  10  10
10  10  10
```

將兩個陣列的元素對應相乘，稱為 elementwise multiplication，或是數學上稱它為 Hadamard product，它同樣需要兩個完全相同大小及維度的陣列。

```
In  [11]:  A .* B
Out[11]: 3×3 Array{Int64,2}:
  9  16  21
 24  25  24
 21  16   9
```

接下來，我們練習用以下程式來查詢陣列的資訊。

使用 eltype() 來查詢陣列中所包含的元素型別。

```
In  [12]:  eltype(A)
Out[12]: Int64
```

使用 length() 來查詢陣列的長度，長度指的是陣列當中所包含的元素個數，並不會考慮維度等等資訊。

```
In  [13]:  length(A)
Out[13]: 9
```

使用 ndims() 來查詢陣列的維度。

```
In  [14]:  ndims(A)
Out[14]: 2
```

使用 size() 來查詢陣列的大小，大小會顯示出陣列各維度的大小資訊，回傳一個 Tuple。

In [15]:
```
size(A)
```
Out[15]: (3, 3)

行向量與列向量

在數學上，向量分為**行向量**（column vector）與**列向量**（row vector）。

行向量

$$x = \begin{bmatrix} 1 \\ 2 \\ 3 \end{bmatrix}$$

列向量

$$x = \begin{bmatrix} 1 & 2 & 3 \end{bmatrix}$$

基本上，Julia 是行優先的語言，向量也自然是以行向量為主，跟數學上的使用習慣是一致的。

In [16]:
```
a = [1, 2, 3]
```
Out[16]:
```
3-element Array{Int64,1}:
 1
 2
 3
```

In [17]:
```
b = [5, 5, 5]
```
Out[17]:
```
3-element Array{Int64,1}:
 5
 5
 5
```

一般向量的元素對應相加，程式碼如下。

In [18]:
```
a .+ b
```
Out[18]: 3-element Array{Int64,1}:

```
 6
 7
 8
```

如果要將行向量轉換成列向量，我們可以使用**轉置（transpose）**，語法上是在陣列後方加上一個 ' 來表示。

In [19]:
```
a = a'
```

```
Out[19]: 1×3 LinearAlgebra.Adjoint{Int64,Array{Int64,1}}:
 1  2  3
```

當一個列向量跟一個行向量做元素對應相加時，就會**自動擴展(broadcast)**，如圖 2-8。

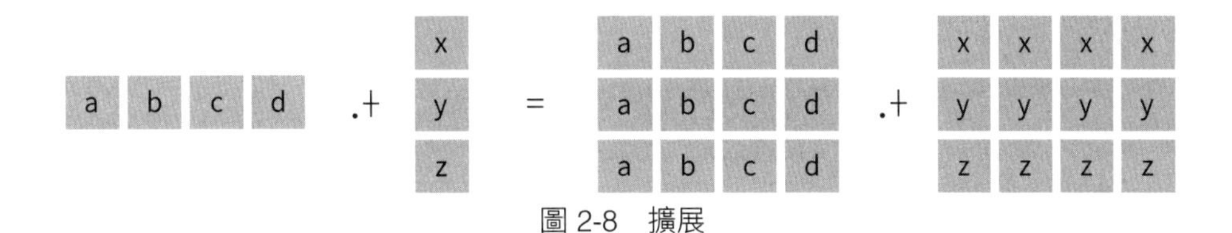

圖 2-8　擴展

語法上只需要加上 . 就可以了。

In [20]:
```
a .+ b
```

```
Out[20]: 3×3 Array{Int64,2}:
 6  7  8
 6  7  8
 6  7  8
```

In [21]:
```
a .* b
```

```
Out[21]: 3×3 Array{Int64,2}:
 5  10  15
 5  10  15
 5  10  15
```

如果是使用在自定義函式上的話，則是將 . 加在函式名稱後方。

In [22]:
```
f(x, y) = 2x + y f.(a, b)
```

```
Out[22]: 3×3 Array{Int64,2}:
 7  9  11
 7  9  11
 7  9  11
```

矩陣相乘（matrix multiplication）則是直接使用 *。

In [23]:
```
A * B
```

```
Out[23]: 3×3 Array{Int64,2}:
  30   24  18
  84   69  54
 138  114  90
```

使用 sum() 對陣列當中的所有元素求和，如下：

In [24]:
```
sum(A)
```

```
Out[24]: 45
```

使用 maximum() 對陣列當中的所有元素求最大值，如下。

In [25]:
```
maximum(A)
```

```
Out[25]: 9
```

使用 minimum() 對陣列當中的所有元素求最小值，如下。

In [26]:
```
minimum(A)
```

```
Out[26]: 1
```

接著，對陣列的每一行中的元素求最小值，如下。

In [27]:
```
minimum(A, dims=1)
```

```
Out[27]: 1×3 Array{Int64,2}:
 1  2  3
```

陣列當中的元素可以被累積操作，如果想要累加的話可以用 accumulate，第一個參數是要執行的運算子，第二個是陣列，然後指定維度。

```
In  [28]: A = [2 2 2; 2 2 2; 2 2 2]
          accumulate(+, A, dims=1)

Out[28]: 3×3 Array{Int64,2}:
          2    2    2
          4    4    4
          6    6    6
```

接著，對不同維度進行運算。

```
In  [29]: accumulate(+, A, dims=2)

Out[29]: 3×3 Array{Int64,2}:
          2    4    6
          2    4    6
          2    4    6
```

以上的運算子可以自由選擇，如果想要累加的功能，可以使用 cumsum。

```
In  [30]: cumsum(A, dims=2)

Out[30]: 3×3 Array{Int64,2}:
          2    4    6
          2    4    6
          2    4    6
```

累乘則是 cumprod。

```
In  [31]: cumprod(A, dims=2)

Out[31]: 3×3 Array{Int64,2}:
          2    4    8
          2    4    8
          2    4    8
```

建立陣列的函式

用 zeros 可以建立都是 0.0 的陣列，當中的參數是維度。

```
In  [32]: zeros(3, 4)

Out[32]: 3×4 Array{Float64,2}:
         0.0  0.0  0.0  0.0
         0.0  0.0  0.0  0.0
         0.0  0.0  0.0  0.0
```

用 ones 可以建立都是 1.0 的陣列，當中的參數是維度。

```
In  [33]: ones(3, 4)

Out[33]: 3×4 Array{Float64,2}:
         1.0  1.0  1.0  1.0
         1.0  1.0  1.0  1.0
         1.0  1.0  1.0  1.0
```

若要改變陣列中的型別，可以在第一個參數指定型別。

```
In  [34]: ones(Int64, 3, 4)

Out[34]: 3×4 Array{Int64,2}:
         1  1  1  1
         1  1  1  1
         1  1  1  1
```

指定的型別為 Bool 時，zeros 會產出為 false 的陣列，ones 則是 true。

```
In  [35]: zeros(Bool, 3, 4)

Out[35]: 3×4 Array{Bool,2}:
         false  false  false  false
         false  false  false  false
         false  false  false  false
```

falses 與 trues 都會產生類似的結果，但是注意在陣列的型別上是不同的，如以下示範：

In [36]:
```
falses(3, 4)
```

Out[36]: 3×4 BitArray{2}:
```
false  false  false  false
false  false  false  false
false  false  false  false
```

In [37]:
```
trues(3, 4)
```

Out[37]: 3×4 BitArray{2}:
```
true  true  true  true
true  true  true  true
true  true  true  true
```

想產生隨機陣列的話可以使用 rand，它會給出數值是 0～1 平均分佈的陣列，當中的參數是陣列的維度。

In [38]:
```
rand(3, 4)
```

Out[38]: 3×4 Array{Float64,2}:
```
0.88902   0.466808  0.116059  0.807359
0.746665  0.366566  0.99901   0.224471
0.490495  0.462689  0.976021  0.406838
```

fill 可以產生填入特定值的陣列，第二個參數是陣列的維度。

In [39]:
```
fill(5, (3, 4))
```

Out[39]: 3×4 Array{Int64,2}:
```
5  5  5  5
5  5  5  5
5  5  5  5
```

fill! 可以接受事後填值，第一個參數是欲填值的陣列，第二個參數是欲填入的值。

In [40]:
```
A = zeros(3, 4)
fill!(A, 6.0)
```

Out[40]: 3×4 Array{Float64,2}:
```
6.0  6.0  6.0  6.0
6.0  6.0  6.0  6.0
6.0  6.0  6.0  6.0
```

要複製整個陣列可以使用 copy。

In [41]:
```
X = copy(A)
```

```
Out[41]: 3×4 Array{Float64,2}:
 6.0  6.0  6.0  6.0
 6.0  6.0  6.0  6.0
 6.0  6.0  6.0  6.0
```

In [42]:
```
X
```

```
Out[42]: 3×4 Array{Float64,2}:
 6.0  6.0  6.0  6.0
 6.0  6.0  6.0  6.0
 6.0  6.0  6.0  6.0
```

repeat 可將相同的陣列重複多次串接起來，第二個參數為重複次數。

In [43]:
```
repeat(A, 3)
```

```
Out[43]: 9×4 Array{Float64,2}:
 6.0  6.0  6.0  6.0
 6.0  6.0  6.0  6.0
 6.0  6.0  6.0  6.0
 6.0  6.0  6.0  6.0
 6.0  6.0  6.0  6.0
 6.0  6.0  6.0  6.0
 6.0  6.0  6.0  6.0
 6.0  6.0  6.0  6.0
 6.0  6.0  6.0  6.0
```

排序

排序是相當常見的運算，我們可以利用 sort 來進行排序。

In [44]:
```
x = rand(5)
```

```
Out[44]: 5-element Array{Float64,1}:
0.043428478279526894
0.5777493648958671
0.7205135249080232
```

```
 0.323492646648913
 0.3212325761620467
```

sort 會產生出一個新的已排序陣列，而不會改變原陣列。

```
In  [45]: sort(x)

Out[45]: 5-element Array{Float64,1}:
          0.043428478279526894
          0.3212325761620467
          0.323492646648913
          0.5777493648958671
          0.7205135249080232

In  [46]: x

Out[46]: 5-element Array{Float64,1}:
          0.043428478279526894
          0.5777493648958671
          0.7205135249080232
          0.323492646648913
          0.3212325761620467
```

使用 sort! 則會對原陣列進行排序。

```
In  [47]: sort!(x)

Out[47]: 5-element Array{Float64,1}:
          0.043428478279526894
          0.3212325761620467
          0.323492646648913
          0.5777493648958671
          0.7205135249080232

In  [48]: x

Out[48]: 5-element Array{Float64,1}:
          0.043428478279526894
          0.3212325761620467
          0.323492646648913
          0.5777493648958671
          0.7205135249080232
```

若要依大小排序（倒序），則可以在參數上使用 rev 來代表倒序。

In [49]:
```
sort(x, rev=true)
```

Out[49]:
```
5-element Array{Float64,1}:
 0.7205135249080232
 0.5777493648958671
 0.323492646648913
 0.3212325761620467
 0.043428478279526894
```

若是依絕對值大小排序，可以使用 by 來指定排序的方式，藉由給定一個函式來決定。

In [50]:
```
sort(x, by=abs)
```

Out[50]:
```
5-element Array{Float64,1}:
 0.043428478279526894
 0.3212325761620467
 0.323492646648913
 0.5777493648958671
 0.7205135249080232
```

▸ 陣列的變形與連接

陣列可以使用 reshape 來變形，第一個參數為需要變形的陣列，而後續參數則是決定要將陣列變成什麼維度。

In [51]:
```
reshape(1:12, 3, 4)
```

Out[51]:
```
3×4 reshape(::UnitRange{Int64}, 3, 4) with eltype Int64:
 1  4  7  10
 2  5  8  11
 3  6  9  12
```

以上的例子，是將一個 1~12 的陣列，變形成（3, 4）維度的陣列。

而 cat 可以將兩個陣列相連接。

In [52]:
```
A =[1 1 1; 1 1 1; 1 1 1]
B =[2 2 2; 2 2 2; 2 2 2];
```

```
In [53]: cat(A, B, dims=1)
Out[53]: 6×3 Array{Int64,2}:
         1   1   1
         1   1   1
         1   1   1
         2   2   2
         2   2   2
         2   2   2
```

（A, B, dims=1）前兩個參數 A、B 是要相連接的陣列，最後 dims 則是要沿著指定的維度相連接。

```
In [54]: cat(A, B, dims=2)
Out[54]: 3×6 Array{Int64,2}:
         1  1  1  2  2  2
         1  1  1  2  2  2
         1  1  1  2  2  2
```

hcat 就相當於是 cat(dims=2)，將陣列依水平方向相接。

```
In [55]: hcat(A, B)
Out[55]: 3×6 Array{Int64,2}:
         1  1  1  2  2  2
         1  1  1  2  2  2
         1  1  1  2  2  2
```

vcat 相當於是 cat(dims=1)，將陣列依垂直方向相接。

```
In [56]: vcat(A, B)
Out[56]: 6×3 Array{Int64,2}:
         1  1  1
         1  1  1
         1  1  1
         2  2  2
         2  2  2
         2  2  2
```

3.DataFrame

DataFrame 是我們在做資料分析時的好幫手，甚至可以類比為程式當中的 Excel。它可以處理的資料型別非常多，像是整數、字串、布林值等等。在現今的 DataFrame 實作是每個行或欄位都是一個一維的陣列，每個陣列都有自己的元素型別。官方在 1.0 版之後就支援了 missing，後續會教大家怎麼處理含有 missing 的資料。

In [57]:
```
using DataFrames
```

▸ 創建 DataFrame

建立一個 DataFrame 非常簡單，也非常直覺。如同建立其他物件一樣，呼叫其建構子。參數的部分是「欄位名稱 = 資料」，使用者可以決定到底需要多少的欄位。建立起來的 DataFrame 如下。

In [58]:
```
df = DataFrame(A = 1:4, B = ["M", "F", "F", "M"])
```

Out[58]: 4 rows × 2 columns

	A	B
	Int64	String
1	1	M
2	2	F
3	3	F
4	4	M

建立空白 DataFrame 並逐行加入資料

我們也可以建立空白的 DataFrame，在一些情境中，需要逐行加入資料。

In [59]:
```
df = DataFrame()
```

Out[59]: 0 rows × 0 columns

要逐行加入資料的話，需要保證每次加入的資料與既有的資料長度一致。存取一個欄位需要用 df[:A]，其中的 :A 是一個 Symbol，需要在欄位名稱前加上冒號。

```
In  [60]: df[:A] = 1:4
Out[60]: 1:4
```

存取欄位的方法也可以使用類似物件的方式，例如：下式中 df.B 代表 df 中的 B 的欄位。

```
In  [61]: df.B = ["M", "F", "F", "M"]
Out[61]: 4-element Array{String,1}:
          "M"
          "F"
          "F"
          "M"
```

最後 df 的樣子如下。

```
In  [62]: df
Out[62]: 4 rows × 2 columns
```

	A	B
	Int64	String
1	1	M
2	2	F
3	3	F
4	4	M

建立空白 DataFrame 並逐列加入資料

在一些情境中，我們可能會要逐列加入資料。這時候我們需要事先指定空的欄位，這邊我們就直接給定有指定型別的空陣列，像 Int64[]。

```
In  [63]: df = DataFrame(A = Int64[], B = String[])
Out[63]: 0 rows × 2 columns
```

	A	B
	Int64	String

如同將資料放入陣列一樣，使用 push!，參數的部分跟陣列的使用相似。可以放入 Tuple 型別的資料，其分別對應 df 的欄位。

```
In  [64]: push!(df, (1, "M"))
```

Out[64]: 1 rows × 2 columns

	A	B
	Int64	String
1	1	M

除了 Tuple 型別的資料，還可以放入一維陣列，或是字典的資料。放入一維陣列也是對應 df 的欄位順序。若為字典資料，鍵要對應欄位名稱，值則是要放入相對應欄位的資料。

```
In  [65]: push!(df, (2, "F"))
          push!(df, [3, "F"])
          push!(df, Dict(:B => "M", :A => 4))
```

Out[65]: 4 rows × 2 columns

	A	B
	Int64	String
1	1	M
2	2	F
3	3	F
4	4	M

由矩陣建立 DataFrame

有時候我們希望直接將一個大矩陣變成 DataFrame。

```
In  [66]: mat = [1 "M"; 2 "F"; 3 "F"; 4 "M"]
```

Out[66]: 4×2 Array{Any,2}:

```
1  "M"
2  "F"
3  "F"
4  "M"
```

第一個參數放上矩陣，第二個參數則是相對應的欄位名稱。

In [67]:
```
DataFrame(mat, [:A, :B])
```

Out[67]: 4 rows × 2 columns

	A Any	B Any
1	1	M
2	2	F
3	3	F
4	4	M

由字典建立 DataFrame

如果資料都是以字典的形式儲存，這樣非結構化的資料可以直接藉由 DataFrame 的建構子建立，需要注意字典中的資料結構。

In [68]:
```
d = Dict("abc" => [1, 2, 3], "def" => ["1", "2", "3"])
DataFrame(d)
```

Out[68]: 3 rows × 2 columns

	abc Int64	def String
1	1	1
2	2	2
3	3	3

▶ 存取 DataFrame

存取一個 DataFrame 是非常常用的功能，請大家務必熟悉這些操作。

取整行資料：

In [69]:
```
df = DataFrame(A = 1:4, B = ["M", "F", "F", "M"])
```

Out[69]: 4 rows × 2 columns

	A	B
	Int64	String
1	1	M
2	2	F
3	3	F
4	4	M

存取整行的資料可以用欄位名稱存取，如下。

In [70]:
```
df[:A]
```

Out[70]: 4-element Array{Int64,1}:
```
1
2
3
4
```

或是可以用欄位的索引來存取，如下。

In [71]:
```
df[1]
```

Out[71]: 4-element Array{Int64,1}:
```
1
2
3
4
```

以物件的形式存取也是可以的，如下。

In [72]:
```
df.A
```

Out[72]: 4-element Array{Int64,1}:
```
1
2
3
4
```

取整列資料

如果需要存取第一列的資料就需要對列跟行給定索引。在中括弧內的第一個索引對應列，第二個索引則是對應行，df[1, :] 代表的是第 1 列，: 則是代表所有的行。

```
In  [73]: df[1, :]
Out[73]: DataFrameRow
         1 rows × 2 columns
```

	A	B
	Int64	String
1	1	M

取特定行列的資料

如果要存取特定行列的資料，我們可以填上相對應的行列資訊。

```
In  [74]: df[1, :A]
Out[74]: 1
```

用數字作為索引

或是行也可以用數字來索引。

```
In  [75]: df[1, 1]
Out[75]: 1
```

取特定範圍的資料

如果要選取特定範圍的資料可以用：

起始 : 結束

這個語法有包含結束本身的資料。以下語法會存取到在 :A 行的第 1 ～ 3 列資料。

In [76]:
```
df[1:3, :A]
```
Out[76]: 3-element Array{Int64,1}:
```
1
2
3
```

除了「起始 : 結束」這樣選取連續區域資料的方式，也可以將裝有索引的陣列放入。以下語法會存取到在 :B 及 :A 行的第 1 ～ 3 列資料。

In [77]:
```
df[1:3, [:B, :A]]
```
Out[77]: 3 rows × 2 columns

	B	A
	String	Int64
1	M	1
2	F	2
3	F	3

儲存特定行列的元素

要變更特定行列的元素可以如同指定變數一般直接給定。

In [78]:
```
df[1, :A] = 50
```
Out[78]: 50

In [79]:
```
df
```
Out[79]: 4 rows × 2 columns

	A	B
	Int64	String
1	1	M
2	2	F
3	3	F
4	4	M

儲存 / 取代整行的資料

如果直接指定給整行的資料將會把原有的整個欄位覆蓋掉。

In [80]:
```
df[:B] = ['a', 'b', 'c', 'd']
```

Out[80]: 4-element Array{Char,1}:
```
'a'
'b'
'c'
'd'
```

In [81]:
```
df
```

Out[81]: 4 rows × 2 columns

	A	B
	Int64	Char
1	50	'a'
2	2	'b'
3	3	'c'
4	4	'd'

▸ DataFrame 存成 csv 檔

存取完資料，我們會需要將這些資料儲存下來。一般常使用逗號分隔值（Comma-Separated Value, CSV）的格式儲存資料，這是將每一列以逗號分隔開來的方式，副檔名為 .csv。這樣的資料格式可以用 Excel 軟體開啟。

In [82]:
```
using CSV
```

要將處理好的 DataFrame 存成 csv 檔，可以用 CSV.write 函式，第一個參數是檔案路徑，第二個參數是 DataFrame 本身。

In [83]:
```
CSV.write("table.csv", df)
```

Out[83]: "table.csv"

如果是要讀取 DataFrame，則是用 CSV.read 函式。

In [84]:
```
df = CSV.read("table.csv")
```

Out[84]: 4 rows × 2 columns

	A	B
	Int64	String
1	50	a
2	2	b
3	3	c
4	4	d

分隔符的指定可以透過 delim='\t' 來指定，'\t' 代表的是定位鍵，可以用 TAB 來分隔不同的值。

In [85]:
```
df = CSV.read("table2.tsv", delim='\t')
```

Out[85]: 6 rows × 4 columns

	A	B	C	D
	Int64	String	Float64	String
1	1	M	0.789117	a
2	2	F	0.588923	b
3	3	M	0.947447	c
4	4	F	0.906946	d
5	5	M	0.583935	e
6	6	F	0.0199218	f

寫入的時候也是一樣的參數。

In [86]:
```
CSV.write("table2.tsv", df, delim='\t')
```

Out[86]: "table2.tsv"

▸ DataFrame 的運算

接下來介紹可以在 DataFrame 上操作的運算。

In [87]:
```
df = DataFrame(A=1:10, B=11:20)
```
Out[87]: 10 rows × 2 columns

	A Int64	B Int64
1	1	11
2	2	12
3	3	13
4	4	14
5	5	15
6	6	16
7	7	17
8	8	18
9	9	19
10	10	20

如果將 DataFrame 的欄位視為一個變量看待，想對變量進行計算，我們就可以當成將整個欄位的運算，例如：相加的運算可以寫成以下的方式。由於整個欄位仍舊是陣列，所以我們需要使用 .+ 來處理。

In [88]:
```
df[:C] = df[:A] .+ df[:B]
```
Out[88]: 10-element Array{Int64,1}:
```
12
14
16
18
20
22
24
26
```

```
        28
        30
```

相乘的部分比照使用 .* 。

```
In  [89]: df[:D] = df[:A] .* df[:B]
Out[89]: 10-element Array{Int64,1}:
        11
        24
        39
        56
        75
        96
        119
        144
        171
        200
```

想要比較大小的話，例如使用 .<= 寫成 df:[:A].<=df:[:B] 意思是比較 B 欄是否大於 A 欄。

```
In  [90]: df[:E] = df[:A] .<= df[:B]
Out[90]: 10-element BitArray{1}:
        true
        true
        true
        true
        true
        true
        true
        true
        true
        true
```

```
In  [91]: df
Out[91]: 10 rows × 5 columns
```

	A	B	C	D	E
	Int64	Int64	Int64	Int64	Bool

1	1	11	12	11	true
2	2	12	14	24	true
3	3	13	16	39	true
4	4	14	18	56	true
5	5	15	20	75	true
6	6	16	22	96	true
7	7	17	24	119	true
8	8	18	26	144	true
9	9	19	28	171	true
10	10	20	30	200	true

如果是一整個欄位對單一值的運算的話也是類似的作法。

```
In  [92]:  df[:E] = df[:A] .<= 5
```

```
Out[92]: 10-element BitArray{1}:
  true
  true
  true
  true
  true
 false
 false
 false
 false
 false
```

如果我們想取出欄位 :A 小於或等於 5 的資料，只要將 df[:A] .<= 5 運算的結果作為挑選資料列數的條件即可。

```
In  [93]:  df[df[:A] .<= 5, :]
```

Out[93]: 5 rows × 5 columns

	A	B	C	D	E
	Int64	**Int64**	**Int64**	**Int64**	**Bool**
1	1	11	12	11	true
2	2	12	14	24	true

3	3	13	16	39	true
4	4	14	18	56	true
5	5	15	20	75	true

如果是應用在自定義函式上也非常自然。

```
In [94]: f(x) = 2x^2 + x + 1
Out[94]: f (generic function with 2 methods)
```

```
In [95]: df[:F] = f.(df[:A])
Out[95]: 10-element Array{Int64,1}:
           4
          11
          22
          37
          56
          79
         106
         137
         172
         211
```

mapcols 會接受一個函式，將 df 的每行通過這個函式。這樣就可以將整個 df 通過某個運算。

```
In [96]: mapcols(x -> x.^2, df)
Out[96]: 10 rows × 6 columns
```

	A	B	C	D	E	F
	Int64	**Int64**	**Int64**	**Int64**	**Bool**	**Int64**
1	1	121	144	121	true	16
2	4	144	196	576	true	121
3	9	169	256	1521	true	484
4	16	196	324	3136	true	1369
5	25	225	400	5625	true	3136

6	36	256	484	9216	false	6241
7	49	289	576	14161	false	11236
8	64	324	676	20736	false	18769
9	81	361	784	29241	false	29584
10	100	400	900	40000	false	44521

排序資料

排序的方面跟陣列的排序使用上非常相似，相對應的關鍵字參數都有。

In [97]:
```
sort(df, :D)
```

Out[97]: 10 rows × 6 columns

	A	B	C	D	E	F
	Int64	**Int64**	**Int64**	**Int64**	**Bool**	**Int64**
1	1	11	12	11	true	4
2	2	12	14	24	true	11
3	3	13	16	39	true	22
4	4	14	18	56	true	37
5	5	15	20	75	true	56
6	6	16	22	96	false	79
7	7	17	24	119	false	106
8	8	18	26	144	false	137
9	9	19	28	171	false	172
10	10	20	30	200	false	211

In [98]:
```
sort(df, :D, rev=true)
```

Out[98]: 10 rows × 6 columns

	A	B	C	D	E	F
	Int64	**Int64**	**Int64**	**Int64**	**Bool**	**Int64**
1	10	20	30	200	false	211
2	9	19	28	171	false	172

3	8	18	26	144	false	137
4	7	17	24	119	false	106
5	6	16	22	96	false	79
6	5	15	20	75	true	56
7	4	14	18	56	true	37
8	3	13	16	39	true	22
9	2	12	14	24	true	11
10	1	11	12	11	true	4

▸ 陣列與 DataFrame 的轉換

前面我們提過如何將一個陣列轉換成 DataFrame，這邊提供一個將 DataFrame 轉換成陣列的方法。方法非常簡單，只需要去呼叫 Matrix 的建構子即可。

```
In  [99]: Matrix(df)
Out[99]: 10×6 Array{Int64,2}:
           1  11  12   11  1    4
           2  12  14   24  1   11
           3  13  16   39  1   22
           4  14  18   56  1   37
           5  15  20   75  1   56
           6  16  22   96  0   79
           7  17  24  119  0  106
           8  18  26  144  0  137
           9  19  28  171  0  172
          10  20  30  200  0  211
```

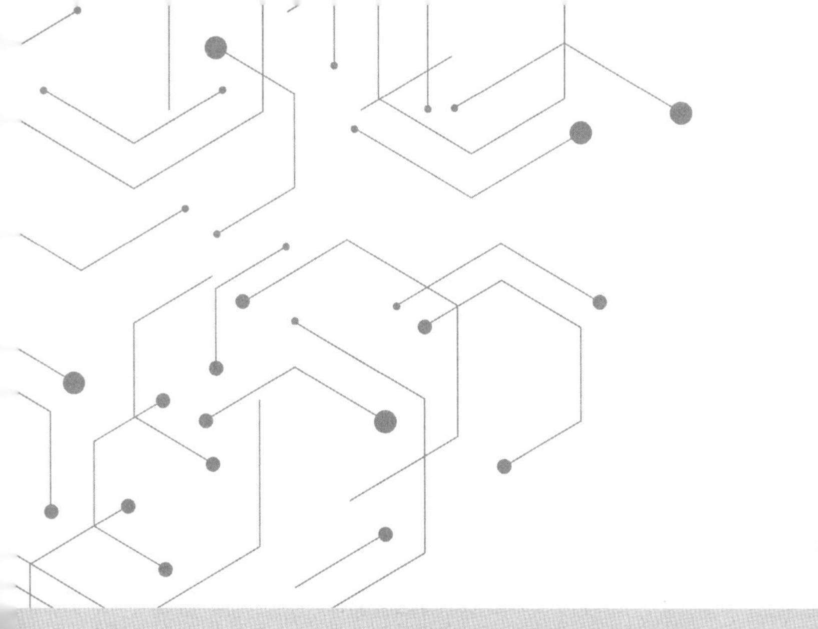

03

認識資料

1. **認識資料型態**
   - 連續型資料型態
   - 類別型資料型態
   - 計數型資料型態

2. **資料中的機率（基礎）**
   - 資料是觀測的結果
   - 不完美的資料
   - 小朵的鳶尾花
   - 所有的鳶尾花

1. 認識資料型態

我們可以發現資料其實有各式不同的型態。有的資料是以數字呈現，有的是以類別、次序等等，甚至有的資料是以圖像、聲音、紀錄檔、文章的方式呈現。資料的型態百百種，怎麼處理資料其實是要依據不同資料的型態、資料的意義，以及要研究的議題來決定。比較複雜的資料型態，像是圖像、聲音等等，會有專門的領域負責，像是影像處理或是音訊處理，這些可以被概括稱為訊號處理。然而文章或是書籍等資料也是一個複雜的資料呈現形式，處理這些資料的領域會是文字探勘或是自然語言處理。本書並不涉及複雜的資料型態，只談簡單的資料型態，這些資料型態常常出現在生活、工程、科學當中，可以說是基礎中的基礎。複雜的資料型態可以經由一些前處理的手段，進一步化約成簡單的資料型態。

▶ 連續型資料型態

在 RDatasets 套件當中包含不少已經整理好的資料集，可以從當中選取來練習。

In [1]:
```
using RDatasets
```

以下取出的資料集是描述在大不列顛帝國出土的古代陶器的化學成分的資料。這些陶器分別在 4 個地方被發現，被記錄在 Site 的欄位中，分別是 AshleyRails、Caldicot、IsleThorns 和 Llanedyrn。

In [2]:
```
data = dataset("car", "Pottery")
first(data, 15)
```

Out[2]: 15 rows × 6 columns

	Site	Al	Fe	Mg	Ca	Na
	Catregorical...	Float64	Float64	Float64	Float64	Float64
1	Llanedyrn	14.4	7.0	4.3	0.15	0.51
2	Llanedyrn	13.8	7.08	3.43	0.12	0.17
3	Llanedyrn	14.6	7.09	3.88	0.13	0.2
4	Llanedyrn	11.5	6.37	5.64	0.16	0.14
5	Llanedyrn	13.8	7.06	5.34	0.2	0.2
6	Llanedyrn	10.9	6.26	3.47	0.17	0.22
7	Llanedyrn	10.1	4.26	4.26	0.2	0.18
8	Llanedyrn	11.6	5.78	5.91	0.18	0.16
9	Llanedyrn	11.1	5.49	4.52	0.29	0.3
10	Llanedyrn	13.4	6.92	7.23	0.28	0.2
11	Llanedyrn	12.4	6.13	5.69	0.22	0.54
12	Llanedyrn	13.1	6.64	5.51	0.31	0.24
13	Llanedyrn	12.7	6.69	4.45	0.2	0.22
14	Llanedyrn	12.5	6.44	3.94	0.22	0.23
15	Caldicot	11.8	5.44	3.94	0.3	0.04

在 Al、Fe、Mg、Ca、Na 這些欄位中，可以觀察到資料的型態是含有小數點的數值，這些數值是連續數值，代表的是一個**連續型資料型態（continuous data）**。它記錄的範圍通常是所有的實數空間，理論上可以包含無理數、無限循環小數等等，不過礙於現實的測量結果，我們只能測到有限的小數。因此，這樣的數值在程式語言當中會使用浮點數來表示。這類用數字表示的資料型態又稱為**量化（或定量）資料（quantitative data）**。

▸ 類別型資料型態

以下的資料即是來自 1972 年到 2016 年美國一般社會調查（General Social Survey, GSS）資料，當中包含調查年份、受訪者性別、教育程度（受教育年數）及單字測驗成績（10 個單字測驗答對題數）。

```
In [3]: data = dataset("car", "Vocab")
        first(data, 15)
```

Out[3]: 15 rows × 5 columns

	Timestamp	Year	Sex	Education	Vocabulary
	String	Int32	Categorical…	Int32	Int32
1	20040001	2004	Female	9	3
2	20040002	2004	Female	14	6
3	20040003	2004	Male	14	9
4	20040005	2004	Female	17	8
5	20040008	2004	Male	14	1
6	20040010	2004	Male	14	7
7	20040012	2004	Female	12	6
8	20040013	2004	Male	10	6
9	20040016	2004	Male	11	5
10	20040017	2004	Female	9	1
11	20040019	2004	Female	16	4
12	20040020	2004	Male	11	6
13	20040022	2004	Female	14	9
14	20040023	2004	Male	12	0
15	20040026	2004	Female	16	6

Timestamp、Year、Sex 這些欄位是類別型資料型態，Sex 所代表的是性別，可以分成 Female 跟 Male 兩種，它們是不同的類別，又稱為**質性（或定性）資料（qualitative data）**。Year 表示年份，年份在這邊雖然資料型態是 Int32，是量化資料，不過是由多個離散的年份組成，因此是**離散型資料（discrete data）**。Timestamp 代表時間的戳記，性質也跟年份雷同。

▸ 計數型資料型態

以下的資料即是來自 1920 年與 1930 年美國 49 個城市的人口數（千人為單位），欄位 U 代表的是 1920 年的人口數，欄位 X 則是 1930 年的人口數。49 個城市是從 1920 年前 196 個大城市當中隨機選出。

In [4]:
```
data = dataset("boot", "bigcity")
first(data, 15)
```

Out[4]: 15 rows × 2 columns

	U	X
	Int64	Int64
1	138	143
2	93	104
3	61	69
4	179	260
5	48	75
6	37	63
7	29	50
8	23	48
9	30	111
10	2	50
11	38	52
12	46	53
13	71	78
14	25	57
15	298	317

無論 U 或 X 欄位都是屬於量化資料，也是一種離散型資料，它們是藉由計數的方式產生的資料型態，可以稱為**計數型資料型態（count data）**。

資料可以分成若干類：

(1) **名目資料**（nominal data）

- 分成兩種以上的類別，類別與類別之間互相獨立，沒有次序關係，如性別、國家等等。

- 可執行運算：相等、不相等。

(2) 次序資料（ordinal data）

- 分成兩種以上的類別，類別之間有次序關係，如名次、教育程度等等。
- 可執行運算：相等、不相等、大於、小於。

(3) 區間資料（interval data）

- 以數值的方式記錄的離散型資料，擁有次序大小，也有最小單位（間隔），如溫度、年份、緯度等等。
- 可執行運算：相等、不相等、大於、小於、加減。

(4) 比例資料（ratio data）

- 以數值的方式記錄的連續型資料，擁有區間資料的特性，可以執行乘除運算，如質量、長度或是絕大多數物理量。
- 可執行運算：相等、不相等、大於、小於、加減乘除。

2. 資料中的機率（基礎）

▶ 資料是觀測的結果

資料是透過觀測得到的結果，而觀測往往有它的限制。資料可能會受到觀測方法的限制。儀器有其靈敏度的極限，我們只能測到最小能偵測到的值。測量儀器本身也會測到環境的背景值，或是雜訊；雜訊可能來自於你想測量的事件本身，或是來自於量測的技術本身。這些種種所造成的誤差會被資料如實的記錄下來，所以我們收到的資料往往是不完美的。要如何在不完美的世界中找到真實發生的事件，是一件不容易的事情。

▶ 不完美的資料

我們來看看鳶尾花的資料集 (iris)，它記錄了不同品種的花瓣及花萼的大小。如果希望用 Julia 程式來分類不同品種的鳶尾花，我們可以使用

dataset 從 RDatasets 載入相關的資料集，這個函式接受兩個參數，藉由這兩個參數來指定要載入的資料集。載入的資料集均以 DataFrame 物件做封裝。

In [5]:
```
iris = dataset("datasets", "iris")
first(iris, 15)
```

Out[5]: 15 rows × 5 columns

	SepalLength	SepalWidth	PetalLength	PetalWidth	Species
	Float64	Float64	Float64	Float64	Categorical…
1	5.1	3.5	1.4	0.2	setosa
2	4.9	3.0	1.4	0.2	setosa
3	4.7	3.2	1.3	0.2	setosa
4	4.6	3.1	1.5	0.2	setosa
5	5.0	3.6	1.4	0.2	setosa
6	5.4	3.9	1.7	0.4	setosa
7	4.6	3.4	1.4	0.3	setosa
8	5.0	3.4	1.5	0.2	setosa
9	4.4	2.9	1.4	0.2	setosa
10	4.9	3.1	1.5	0.1	setosa
11	5.4	3.7	1.5	0.2	setosa
12	4.8	3.4	1.6	0.2	setosa
13	4.8	3.0	1.4	0.1	setosa
14	4.3	3.0	1.1	0.1	setosa
15	5.8	4.0	1.2	0.2	setosa

這份資料中，SepalLength 是花萼長度，SepalWidth 是花萼寬度，PetalLength 是花瓣長度，PetalWidth 是花瓣寬度，Species 則是品種。從資料檔可以觀察到即便是同一種花的花萼長寬都各自不同，這些不同可能來自不同個體之間的差異，這些差異就是雜訊的一種成因。

▸ 小朵的鳶尾花

我們觀察資料可以發現，鳶尾花有大有小，可以根據它的花瓣大小來辨別，較小的鳶尾花可以發現它們的花瓣寬度（petal width）小於 1.0。然而可以發現它們應該都是山鳶尾（Iris setosa）這個種類。

當我們在敘述「花瓣寬度小於 1.0」這件事的時候，同時也對這些樣本做了歸類。在機率中，我們要描述一件事，會用**事件 (event)** 來稱呼它。我們會說這些鳶尾花是滿足「花瓣寬度小於 1.0」此一事件的樣本。

我們最常做的就是計數了，我們可以算算看這些滿足「花瓣寬度小於 1.0」此一事件的樣本有多少個。

我們可以將這些資料挑選出來。

In [6]:
```
iris[iris[:PetalWidth] .< 10, :]
```

Out[6]: 150 rows × 5 columns

	SepalLength Float64	SepalWidth Float64	PetalLength Float64	PetalWidth Float64	Species Categorical…
1	5.1	3.5	1.4	0.2	setosa
2	4.9	3.0	1.4	0.2	setosa
3	4.7	3.2	1.3	0.2	setosa
4	4.6	3.1	1.5	0.2	setosa
5	5.0	3.6	1.4	0.2	setosa
6	5.4	3.9	1.7	0.4	setosa
7	4.6	3.4	1.4	0.3	setosa
8	5.0	3.4	1.5	0.2	setosa
9	4.4	2.9	1.4	0.2	setosa
10	4.9	3.1	1.5	0.1	setosa
11	5.4	3.7	1.5	0.2	setosa
12	4.8	3.4	1.6	0.2	setosa
13	4.8	3.0	1.4	0.1	setosa
14	4.3	3.0	1.1	0.1	setosa
15	5.8	4.0	1.2	0.2	setosa
16	5.7	4.4	1.5	0.4	setosa
17	5.4	3.9	1.3	0.4	setosa

18	5.1	3.5	1.4	0.3	setosa
19	5.7	3.8	1.7	0.3	setosa
20	5.1	3.8	1.5	0.3	setosa
21	5.4	3.4	1.7	0.2	setosa
22	5.1	3.7	1.5	0.4	setosa
23	4.6	3.6	1.0	0.2	setosa
24	5.1	3.3	1.7	0.5	setosa
25	4.8	3.4	1.9	0.2	setosa
26	5.0	3.0	1.6	0.2	setosa
27	5.0	3.4	1.6	0.4	setosa
28	5.2	3.5	1.5	0.2	setosa
29	5.2	3.4	1.4	0.2	setosa
30	4.7	3.2	1.6	0.2	setosa
	⋮	⋮	⋮	⋮	⋮

以上挑選出來的樣本就是屬於這個事件的樣本。我們可以把事件看成一個袋子，這個袋子中裝著滿足「**花瓣寬度小於 1.0**」這個事件的樣本。比較正式地定義事件，這個袋子是一個集合，所以可以寫成：

$$A = \{x \in iris | \text{ petal width} < 1.0\}$$

我們姑且把這個事件稱為 A 好了，而鳶尾花則是用 x 代表，$iris$ 則是所有的鳶尾花。在這個集合表示法（大括弧）中，這個集合包含了鳶尾花 x，而這些鳶尾花是存在於所有的鳶尾花中（$x \in iris$），並且有條件限制，也就是花瓣寬度小於 1.0（petal width < 1.0），一般條件限制會用 | 區隔開來。

我們舉另外一個例子，如果今天擲一個公正的六面子骰子，「出現點數小於 5」本身也是一個事件，如圖 3-1，就如同我們日常在敘述一件事情一般。一個事件中可能由其他結果組成，我們稱這樣的單一結果為基本事件。

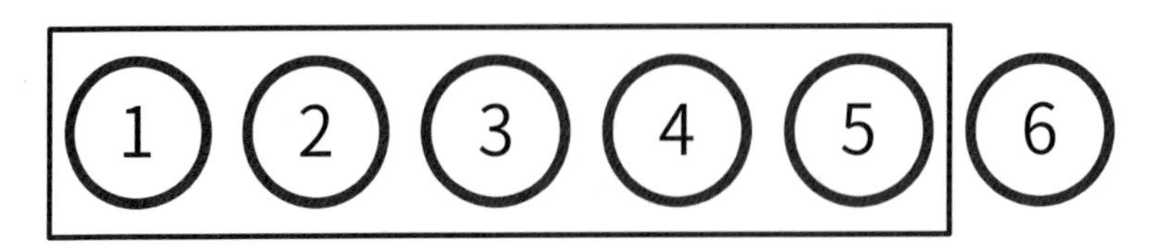

圖 3-1 擲公正的六面骰子出現點數小於 5 的事件

基本事件，是指在一個樣本空間中單一結果的事件，而這個事件的特性是沒有辦法再分割的。例如，在擲骰子中「出現點數 1」的事件就是基本事件。「出現點數 1」的事件沒有辦法再進一步分割成其他的事件。「出現點數 5 以下」的事件可以被分割成「出現點數 1」、「出現點數 2」、「出現點數 3」、「出現點數 4」、「出現點數 5」的基本事件。

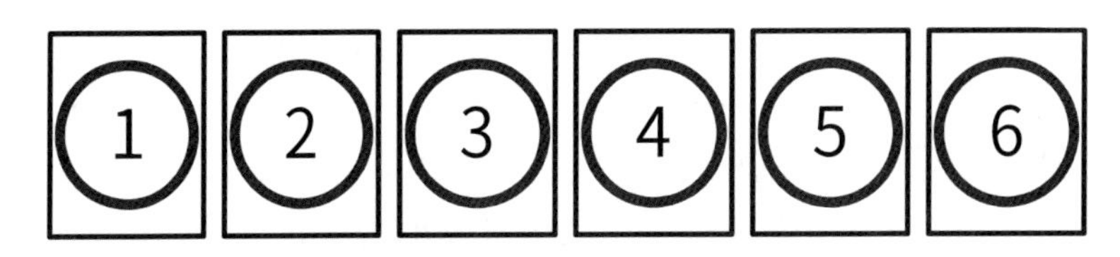

圖 3-2 擲公正的六面骰子的基本事件

▸ 所有的鳶尾花

這時候我們就會反過來問，要怎麼知道這些花瓣或是花萼的長寬最大或是最小會到哪裡？我們可以用手上的資料回答這樣的問題嗎？我們可以找出在資料中的最大值或是最小值，但無法肯定「鳶尾花的花瓣寬度最大就是某個數值」，因為無法確定是否還有更大的花沒有被收錄到我們的資料當中。即便蒐集了世界上所有鳶尾花的資料，我們也無法知道未來會不會出現更大的或是更小的花。

這時候我們會虛構一個**樣本空間（sample space）**來涵蓋所有可能的樣本，我們會盡可能涵蓋所有的可能性，所以可以幫鳶尾花的花瓣寬度訂個樣本空間：

$$\Omega = \{x \in iris |\ 0 < \text{petal width} < \infty\}$$

樣本空間常用 Ω 來代表，它也是一個集合，代表著這些鳶尾花存在在所有的鳶尾花中（$x \in iris$），花瓣寬度要大於 0 並且小於無限大（0 < petal width < ∞）。因此可以發現一個事件其實只是樣本空間的一部分，正式來說，一個事件是樣本空間的子集合。

$$A \subseteq \Omega$$

兩者都是集合，所以會寫成包含於（⊆）的關係。

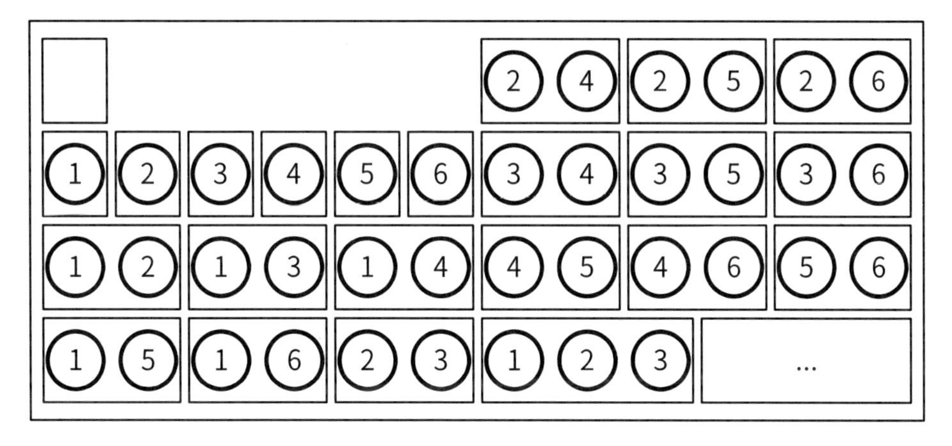

圖 3-3　擲公正的六面骰子的樣本空間

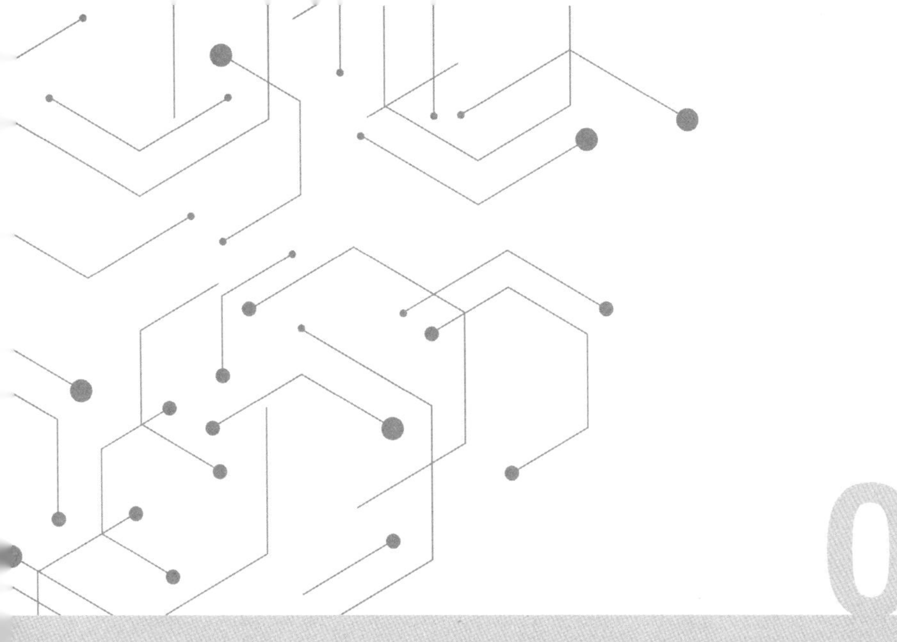

04

看看資料

1. **資料視覺化**
2. **資料視覺化常用一維圖表**
   - 線圖
   - 直方圖
   - 條狀圖
   - 盒狀圖
   - Violin plot

1. 資料視覺化

資料視覺化是在資料科學當中常用的技術之一，藉由將資料以圖表的方式呈現，讓大家可以理解資料的內涵。在圖表的設計上非常依賴資料以及相關的知識領域，包含需要了解資料的屬性、要呈現的目的、呈現給哪些觀眾、呈現方式是否合理及考慮到資料內容相關的知識領域等等議題。這些議題非常龐雜，本書只介紹在 Julia 中圖表的繪製，以及一部分資料視覺化的相關知識。資料視覺化可以將呈現方式粗分為一維圖表、二維圖表及三維以上的呈現方式，本章節會先介紹一維圖表呈現，在後續的章節會介紹二維圖表的呈現，三維以上的呈現不會在本書中介紹到。

2. 資料視覺化常用一維圖表

本書會以介紹 Gadfly 繪圖套件為主，至於另一個 Plots 繪圖套件，因功能較為自由而繁複，在此不會介紹，如果讀者有興趣可以自行查閱相關資訊。這邊示範的資料集與前章節相同，是使用鳶尾花的資料集做示範。一維的圖表表示是利用一個欄位的資料來做圖，這樣會呈現出資料的某些面向。

In [1]:
```
using RDatasets, Gadfly
```

```
┌ Info: Loading DataFrames support into Gadfly.jl
└ @ Gadfly /home/pika/.julia/packages/Gadfly/09PWZ/src/mapping.jl:228
```

In [2]:
```
iris = dataset( "datasets" ， "iris" )
```

Out[2]: 150 rows × 5 columns

	SepalLength	SepalWidth	PetalLength	PetalWidth	Species
	Float64	Float64	Float64	Float64	Categorical…
1	5.1	3.5	1.4	0.2	setosa

2	4.9	3.0	1.4	0.2	setosa
3	4.7	3.2	1.3	0.2	setosa
4	4.6	3.1	1.5	0.2	setosa
5	5.0	3.6	1.4	0.2	setosa
6	5.4	3.9	1.7	0.4	setosa
7	4.6	3.4	1.4	0.3	setosa
8	5.0	3.4	1.5	0.2	setosa
9	4.4	2.9	1.4	0.2	setosa
10	4.9	3.1	1.5	0.1	setosa
11	5.4	3.7	1.5	0.2	setosa
12	4.8	3.4	1.6	0.2	setosa
13	4.8	3.0	1.4	0.1	setosa
14	4.3	3.0	1.1	0.1	setosa
15	5.8	4.0	1.2	0.2	setosa
16	5.7	4.4	1.5	0.4	setosa
17	5.4	3.9	1.3	0.4	setosa
18	5.1	3.5	1.4	0.3	setosa
19	5.7	3.8	1.7	0.3	setosa
20	5.1	3.8	1.5	0.3	setosa
21	5.4	3.4	1.7	0.2	setosa
22	5.1	3.7	1.5	0.4	setosa
23	4.6	3.6	1.0	0.2	setosa
24	5.1	3.3	1.7	0.5	setosa
25	4.8	3.4	1.9	0.2	setosa
26	5.0	3.0	1.6	0.2	setosa
27	5.0	3.4	1.6	0.4	setosa
28	5.2	3.5	1.5	0.2	setosa
29	5.2	3.4	1.4	0.2	setosa
30	4.7	3.2	1.6	0.2	setosa
⋮	⋮	⋮	⋮	⋮	⋮

在 Gadfly 的繪圖套件中繪圖非常簡單，基本是都是使用 plot 函式，第一個參數是資料的部分，它有支援 DataFrame，在這邊我們直接將資料放在第一個參數。後續的參數可以不必有順序性，不過為了閱讀方便，筆者仍會有一定的順序性。接著就是指定要呈現的欄位，像是 x="SepalWidth" 代表要將 SepalWidth 欄位的資料繪製在 x 軸上。Geom.point 則表示使用點做呈現的**散布圖（scatter plot）**。

```
In  [3]: plot(iris, x="SepalWidth", Geom.point)
Out[3]:
```

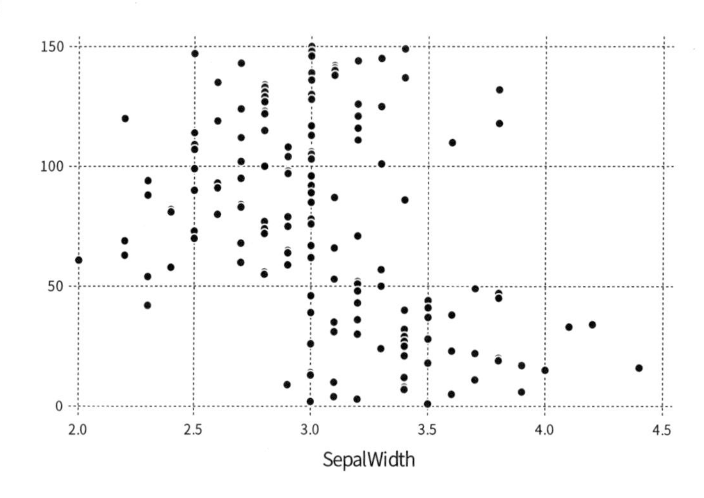

SepalWidth 欄位的資料就會對應在 x 軸上，而 y 軸並沒有指定資料欄位，則會是資料的索引值。這樣的點並不能直接看出資料的樣貌，我們看看下一種圖表。

▸ 線圖

線圖（line chart）常被用在呈現資料的趨勢或走勢，通常 x 軸會是時間軸或是隨著某個變項的移動，對應 y 軸的資料會呈現出上升或是下降的趨勢。如果將以上的資料以線圖呈現，只需要將後面的 Geom.point 改成 Geom.line 即可。

In [4]: 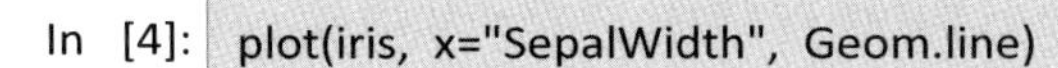

```
plot(iris, x="SepalWidth", Geom.line)
```

Out[4]:

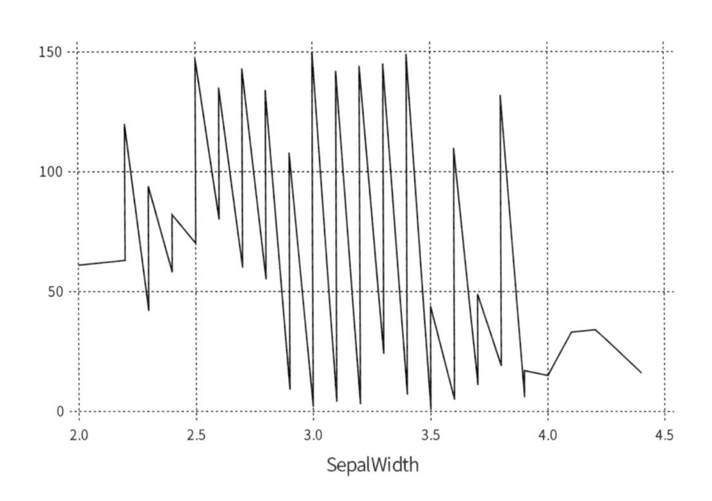

或是想要將線圖跟散布圖繪製在一起，可以將兩者都加上去，先後順序是沒有差異的。

In [5]:

```
plot(iris, x="SepalWidth", Geom.line, Geom.point)
```

Out[5]:

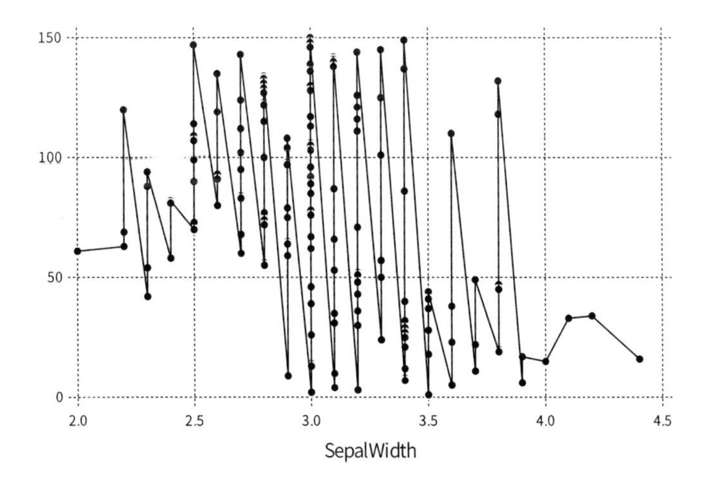

來看看一個有意義的例子，這裡我們採用了一個總體經濟的資料集。

In [6]:
```
longley = dataset("datasets", "longley")
first(longley, 15)
```

Out[6]: 15 rows × 8 columns

	Year	GNPDeflator	GNP	Unemployed	ArmedForces	Population	Year_1	Employed
	Int64	Float64	Float64	Float64	Float64	Float64	Int64	Float6
1	1947	83.0	234.289	235.6	159.0	107.608	1947	60.3
2	1948	88.5	259.426	232.5	145.6	108.632	1948	61.1
3	1949	88.2	258.054	368.2	161.6	109.773	1949	60.1
4	1950	89.5	284.599	335.1	165.0	110.929	1950	61.1
5	1951	96.2	328.975	209.9	309.9	112.075	1951	63.2
6	1952	98.1	346.999	193.2	359.4	113.27	1952	63.6
7	1953	99.0	365.385	187.0	354.7	115.094	1953	64.9
8	1954	100.0	363.112	357.8	335.0	116.219	1954	63.7
9	1955	101.2	397.469	290.4	304.8	117.388	1955	66.0
10	1956	104.6	419.18	282.2	285.7	118.734	1956	67.8
11	1957	108.4	442.769	293.6	279.8	120.445	1957	68.1
12	1958	110.8	444.546	468.1	263.7	121.95	1958	66.5
13	1959	112.6	482.704	381.3	255.2	123.366	1959	68.6
14	1960	114.2	502.601	393.1	251.4	125.368	1960	69.5
15	1961	115.7	518.173	480.6	257.2	127.852	1961	69.3

我們可以對當中的 Year 及 Employed 畫圖，將 Year 繪製在 x 軸，Employed 繪製在 y 軸。兩者分別代表年份及被雇用的人數。

In [7]:
```
plot(longley, x="Year", y="Employed", Geom.line, Geom.point)
```

Out[7]:

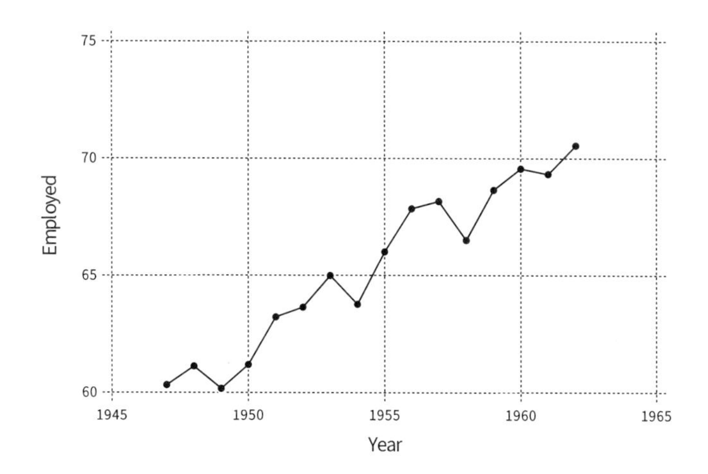

可以看到隨著時間的經過，被雇用的人數愈來愈多，這就是一個典型的走勢圖，它呈現的是一個趨勢。

Geom.smooth 可以在資料中找到一條平滑的曲線來描述這群資料，儘管這些資料可能非常分散，這也可以拿來作為一種趨勢看待。

In [8]:

```
plot(iris, x="SepalWidth", Geom.smooth, Geom.point)
```

Out[8]:

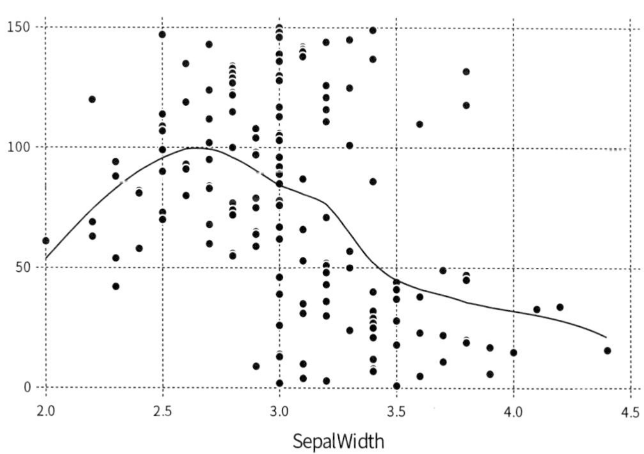

Geom.step 提供一種像階梯狀的呈現方式。

In [9]:
```
plot(iris, x="SepalWidth", Geom.step, Geom.point)
```
Out[9]:

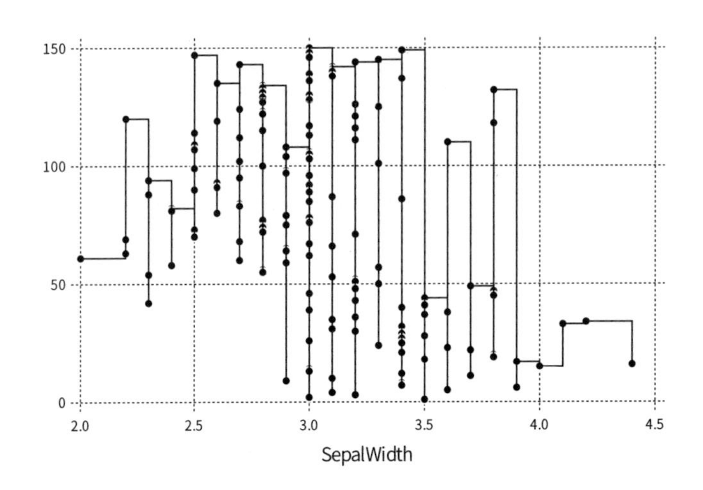

▸ 直方圖

直方圖（histogram）是經常用來表達資料出現頻率的圖表，也是非常典型的一維圖表之一。直方圖是將資料切成等距的區間，並計算這個區間中含有多少筆資料，x 軸會呈現出指定欄位的數值，而 y 軸是在某個區間中含有多少筆資料。Geom.histogram 可指定呈現方式為直方圖，只需要指定 x 軸的欄位即可。我們就會看到如長方形的方塊，愈長代表這個區間中所含的資料筆數愈多，而且資料是集中在某一個區域的，兩旁的資料相對並不是很多。

In [10]:
```
plot(iris, x="SepalWidth", Geom.histogram)
```
Out[10]:

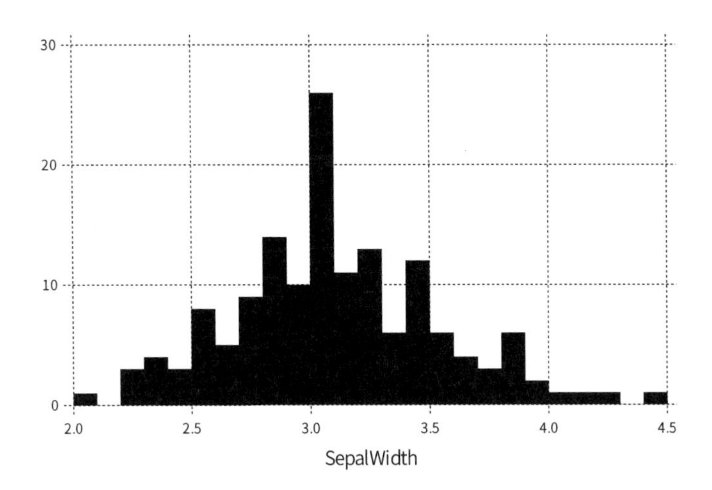

我們還可以為直方圖上色，只要指定要根據哪一個欄位上色就可以了，像是 color="Species" 就是指定 Species 作為繪製顏色的資料欄位。顏色的部分是由套件決定的。

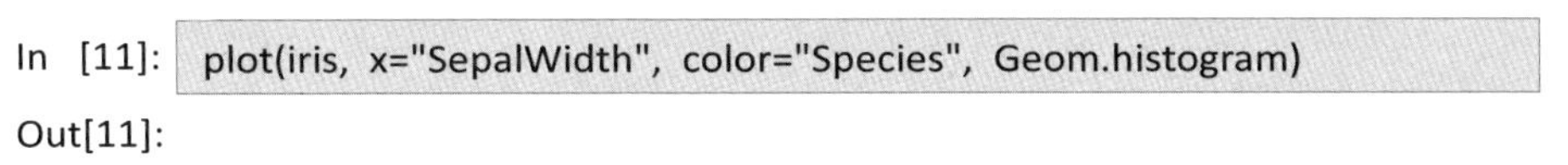

Out[11]:

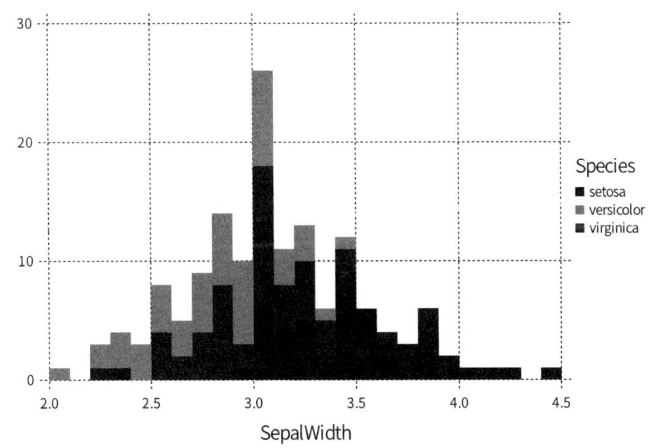

Geom.density 提供了可以繪製出資料密度的分布圖，這樣的圖類似於直方圖，但整體上更為平滑，並呈現出資料分布較為密集的區域。

In [12]:
```
plot(iris, x="SepalWidth", Geom.density)
```
Out[12]:

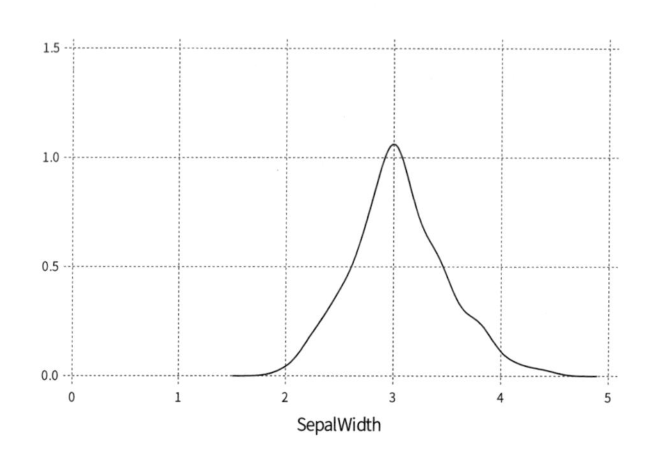

如果套用顏色的話，就會根據不同的顏色，個別繪製不同類別的資料密度。

In [13]:
```
plot(iris, x="SepalWidth", color="Species", Geom.density)
```
Out[13]:

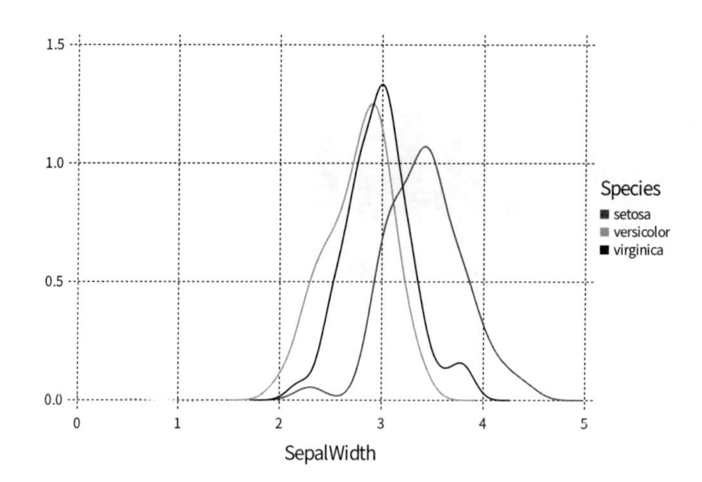

▸條狀圖

條狀圖（bar chart），或稱長條圖，整體圖表跟直方圖有些類似，但是所呈現的資料是完全不同的。以下使用的是蘇格蘭民兵的胸圍資料，已經整理成離散的資料型式，Chest 代表的是胸圍大小，Count 則是統計人數。

In [14]:
```
chest = dataset("HistData", "ChestSizes")
```

Out[14]: 16 rows × 2 columns

	Chest	Count
	Int64	Int64
1	33	3
2	34	18
3	35	81
4	36	185
5	37	420
6	38	749
7	39	1073
8	40	1079
9	41	934
10	42	658
11	43	370
12	44	92
13	45	50
14	46	21
15	47	4
16	48	1

我們利用這兩個欄位的資料來畫條狀圖，而畫條狀圖要使用 Geom.bar，並分別給定 x 及 y 軸的資料。

In [15]:
```
plot(chest, x="Chest", y="Count", Geom.bar)
```
Out[15]:

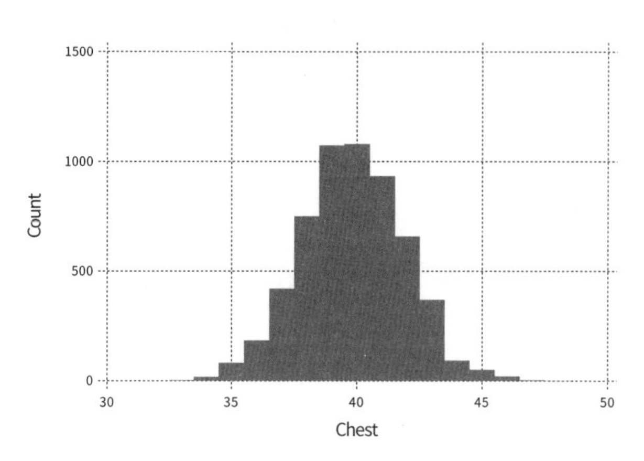

兩者不同的是，直方圖的 x 軸會是連續型資料，而條狀圖是離散或是類別型資料。

▶ 盒狀圖

盒狀圖（boxplot）會呈現出各種統計數值，並且顯示資料的分布狀態。我們使用 Geom.boxplot 來畫盒狀圖，畫盒狀圖需要一個離散型或是類別型資料，以及一個連續型資料。通常會將離散型或是類別型資料放在 x 軸，而連續型資料置於 y 軸，當然對調也是可以的。

In [16]:
```
plot(iris, x="Species", y="SepalWidth", Geom.boxplot)
```
Out[16]:

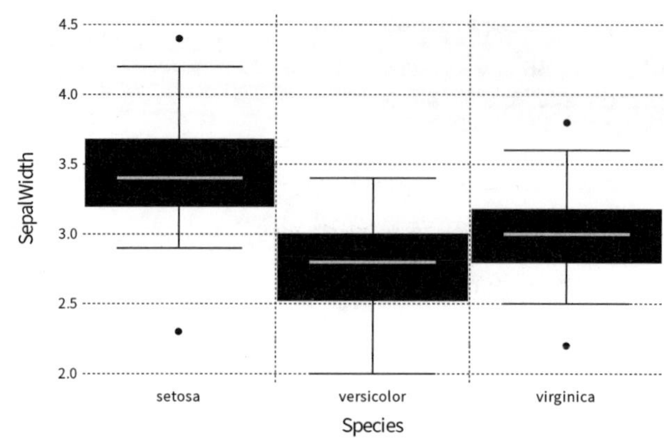

盒狀圖主要以多個統計數值組成，分別是最小值、第一四分位數（Q1）、中位數、第三四分位數（Q3）及最大值，分別對應圖形中最下方的橫線、盒子的底部、盒子的中線、盒子的頂部及最上方的橫線。在盒子的區間內涵蓋了一半的資料量，可以說是資料集中的區塊。如此，可以凸顯跟比較不同資料之間資料集中的區域。

在盒狀圖上資料呈現可能比較不細緻，如果想更為細緻地知道資料的長相的話，可以使用 Geom.beeswarm。在軸的設定上與盒狀圖的軸一樣。

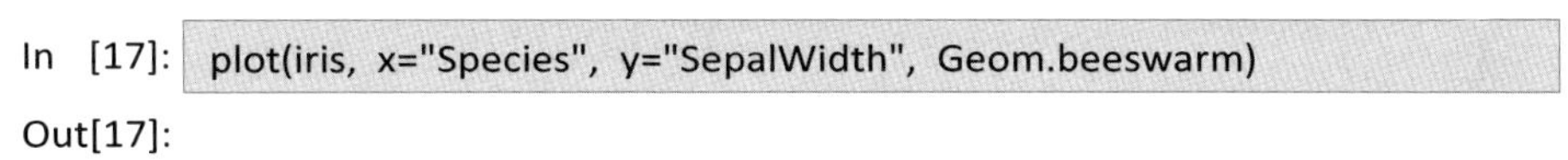

```
In  [17]: plot(iris, x="Species", y="SepalWidth", Geom.beeswarm)
```

Out[17]:

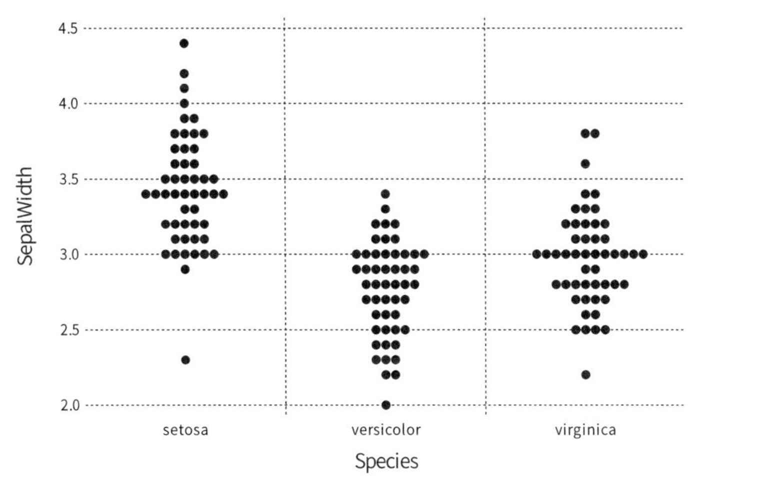

▸ Violin plot

如果想呈現的是資料密度的話，也可以考慮 Geom.violin，它會呈現左右對稱的資料密度分布圖，不過使用時要注意，由於是左右對稱的關係，資料的密度可能會被誇大或是錯估為兩倍。在軸的設定上與盒狀圖一樣。

In [18]:
```
plot(iris, x="Species", y="SepalWidth", Geom.violin)
```
Out[18]:

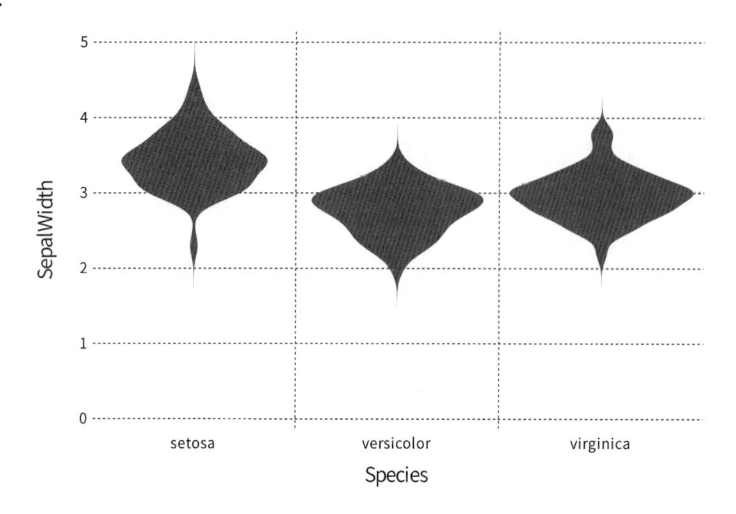

05

資料轉換與計數

1. **資料轉換**
2. **型別轉換**
   - 數字與字串之間的轉換
   - 數字與數字之間的轉換
   - 向上轉型
   - 數字與布林值之間的轉換
   - 整數與字元之間的轉換
   - 將資料轉成其他進位制
   - 資料的向量處理或批次轉換
3. **類別資料的處理**
   - 計數
   - 排行
4. **格式轉換**
   - 處理 json 格式的資料
   - 處理 xml 格式的資料
   - 存取 HDF5 格式的資料
   - 直接存取 Julia 物件

1. 資料轉換

在資料處理或是科學運算的過程中都會遇到資料轉換的問題。資料轉換的問題可以粗分成為兩個層面，一個是關於資料內容的轉換，另一個是關於資料形式的轉換。對於電腦來說，電腦辨識資料的方式是利用型別，利用不同的型別來表示資料。不同的型別對於電腦的意義有所不同，可以做的運算跟處理也就不同。例如，數字 1 與字串 "1" 對電腦來說，數字可以做加減乘除等等運算，而字串可以做串接的運算。如果要進行想要的運算就必須將型別轉換成相對應可以處理的型別，對電腦而言，這樣型別的轉換就是對於資料內容的轉換。另一方面，資料可以用陣列或是字典的資料結構做封裝，各自也對應不同的檔案格式。在演算法的處理上，不同的資料結構有不同的執行效能。我們也常常需要將資料從一種封裝形式轉換成另一種封裝形式，來取得更好的處理效率，這就是對於資料形式（或格式）的轉換。本章節會介紹型別的轉換以及資料格式的轉換。

2. 型別轉換

在 Julia 中支援非常多樣的型別，從數字的整數、浮點數到有理數及複數，還有字串及字元等等，甚至允許自訂型別。這邊會示範常見的幾種轉換方式。

▸ 數字與字串之間的轉換

在純文字檔案中讀取進來的資料常常會以字串的形式呈現。往往當中的數字無法被程式所運算，所以我們會介紹在數字與字串之間如何轉換。如果要將數字轉換成字串的話，可以利用 string 將數字轉成字串。

```
In  [1]: string(12)
Out[1]: "12"
```

```
In  [2]: string(12.3)
Out[2]: "12.3"
```

```
In  [3]: string(1//2)
Out[3]: "1//2"
```

```
In  [4]: string(1 + 2im)
Out[4]: "1 + 2im"
```

在 Julia 中，整數、浮點數、有理數及複數都有支援這樣的轉換。

解析

相對，如果要將字串中的數字轉換成 Julia 中支援的數字型別，需要使用**解析（parse）**的方式來處理。我們可以使用 parse 函式，並且指定要轉換成哪一種的數字型別。第一個參數是放入要轉換成的型別，第二個參數則是要轉換的字串本身。

```
In  [5]: parse(Int64, "12")
Out[5]: 12
```

如果指定了沒有辦法轉換的型別，則會拋出 ArgumentError 的例外。

```
In  [6]: parse(Int64, "12.0")
         ArgumentError: invalid base 10 digit '.' in "12.0"

         Stacktrace:
         [1] tryparse_internal(::Type{Int64}, ::String, ::Int64, ::Int64, ::Int64, ::Bool)
         at ./parse.jl:131
         [2] #parse#348(::Nothing, ::Function, ::Type{Int64}, ::String) at ./parse.jl:238
         [3] parse(::Type{Int64}, ::String) at ./parse.jl:238
         [4] top-level scope at In[6]:1
```

```
In  [7]: parse(Float64, "12.0")
Out[7]: 12.0
```

```
In [8]: parse(Complex{Float64}, "1.2 + 3.4im")
Out[8]: 1.2 + 3.4im
```

數字方面，目前支援整數、浮點數及複數的解析，並不支援有理數的解析喔！

```
In [9]: parse(Rational, "1//2")
```

```
MethodError: no method matching tryparse(::Type{Rational}, ::String)
Closest candidates are:
tryparse(!Matched::Type{T<:Integer}, ::AbstractString; base) where T<:Integer
at parse.jl:234
tryparse(!Matched::Type{Float64}, ::String) at parse.jl:245
tryparse(!Matched::Type{Float32}, ::String) at parse.jl:265
...

Stacktrace:
[1] #tryparse_internal#349(::Base.Iterators.Pairs{Union{},Union{},Tuple{},Nam
ed Tuple{(),Tuple{}}}, ::Function, ::Type{Rational}, ::String, ::Bool) at ./parse.j
l:364
[2] tryparse_internal(::Type{Rational}, ::String, ::Bool) at ./parse.jl:364
[3] #parse#350(::Base.Iterators.Pairs{Union{},Union{},Tuple{},NamedTuple{(),T
up le{}}}, ::Function, ::Type{Rational}, ::String) at ./parse.jl:376
[4] parse(::Type{Rational}, ::String) at ./parse.jl:376
[5] top-level scope at In[9]:1
```

▸ 數字與數字之間的轉換

在 Julia 中不同數字之間型別的轉換會由 convert 函式支援，稱為**轉型（conversion）**。convert 函式支援所有在 Julia 中的轉型，型別互相轉換都會有相對應 convert 函式的實作。一般在數字運算當中，浮點數及整數的二元運算，整數會被轉換成浮點數以進行運算。這個過程中的轉型就是 convert 函式在背後運作的結果。

轉型

我們先來試試看整數跟浮點數的互相轉型。第一個參數需指定要轉換成的型別，第二個參數則是要轉換的數值，如以下程式碼。

```
In  [10]: convert(Int64, 12.0)
Out[10]: 12
```

```
In  [11]: convert(Float64, 12)
Out[11]: 12.0
```

有符號整數與無符號整數之間的轉型，如下。

```
In  [12]: convert(UInt64, 12)
Out[12]: 0x000000000000000c
```

帶有負號的整數是不允許轉成無符號整數的，如下。

```
In  [13]: convert(UInt64, -12)
          InexactError: check_top_bit(Int64, -12)

          Stacktrace:
          [1] throw_inexacterror(::Symbol, ::Any, ::Int64) at ./boot.jl:583
          [2] check_top_bit at ./boot.jl:597 [inlined]
          [3] toUInt64 at ./boot.jl:708 [inlined]
          [4] Type at ./boot.jl:738 [inlined]
          [5] convert(::Type{UInt64}, ::Int64) at ./number.jl:7
          [6] top-level scope at In[13]:1
```

```
In  [14]: convert(Int64, 0x000000000000000c)
Out[14]: 12
```

有理數與浮點數的轉型，如下。

```
In  [15]: convert(Rational, 0.5)
Out[15]: 1//2
```

```
In  [16]: convert(Float64, 1//2)
Out[16]: 0.5
```

一般要將有理數轉成浮點數，為了方便，會使用 float 函式。

```
In  [17]: float(1//2)
Out[17]: 0.5
```

複數與其他數字的轉型，如下。

```
In  [18]: convert(Float64,  1 + 0im)
Out[18]: 1.0
```

```
In  [19]: convert(Float64,  1 + 2im)
          InexactError: Float64(1  + 2im)

          Stacktrace:
          [1] Type at  ./complex.jl:37 [inlined]
          [2]  convert(::Type{Float64}, ::Complex{Int64}) at  ./number.jl:7
          [3] top-level scope at  In[19]:1
```

```
In  [20]: convert(Complex{Float64},  1.0)
Out[20]: 1.0  + 0.0im
```

一般不建議利用 convert 來轉型，複數有實部及虛部，明確指定取複數的實部或虛部會比隱含地轉換來的好，亦即對閱讀程式碼的人提供清晰的語意，也對編譯器提供明確的指令。

```
In  [21]: real(1.0  + 2.0im)
Out[21]: 1.0
```

```
In  [22]: imag(1.0  + 2.0im)
Out[22]: 2.0
```

小叮嚀

什麼時候會用到轉型？

在某些狀況下，Julia 會隱含地使用 convert 來轉型，例如以下狀況：

- 將一個元素放入陣列時，會將元素轉成陣列的元素型別。
- 將一個元素指定為物件的欄位時，會將元素轉成欄位指定的型別。
- 建構一個物件時，將建構子的參數轉成物件指定的欄位型別。
- 指定給一個有宣告型別的變數時，將型別轉換成指定型別。
- 如果函式有指定回傳值的型別，將回傳值轉換成該型別。

▸ 向上轉型

向上轉型（promotion）是將多個值轉換成一致的型別，會使用 promote 函式進行處理。如以下所示：

```
In  [23]: promote(1, 2, 3.5)
Out[23]: (1.0, 2.0, 3.5)
```

在這邊有三個數字 (0.5, 5/7, 50) 要進行向上轉型，將這三者轉換成一致的型別，Julia 會將三個數字轉換成「較大」的型別，或是說可以表示這幾個值的型別。不過要注意的是，這邊指的「向上」並非在型別階層中「較高」的抽象型別，而是在這些可以替代表示的型別中，轉換成一致的型別。

```
In  [24]: promote(0.5, 5//7, 50)
Out[24]: (0.5, 0.7142857142857143, 50.0)
```

向上轉型在 Int32 與 Int8 之中，會轉型成 Int32，也就是會轉型成位元數較大者。不同型別之間的向上轉型的規則如下，以下的型別都可以適用：

$$\begin{array}{c} Complex \\ \uparrow \\ Float \\ \uparrow \\ UInt \\ \uparrow \\ Rational \\ \uparrow \\ Int \\ \uparrow \\ Bool \end{array}$$

convert 及 promote 可以說是搭配 Julia 型別系統的重要支柱，它們給予了程式適當的型別，在底層 LLVM 得以最佳化，在效能上有幫助。

▶ 數字與布林值之間的轉換

數字與布林值之間的轉換比較單純，true 會對應數字 1，false 會對應數字 0，可以直接用建構子。

```
In  [25]: Int(true)
Out[25]: 1
```

```
In  [26]: Int(false)
Out[26]: 0
```

轉換成浮點數可以使用 float 函式。

```
In  [27]: float(true)
Out[27]: 1.0
```

只有等價於 1 或 0 可以轉換成布林值，其他的數值不能轉換。

```
In  [28]: Bool(1.0)
Out[28]: true
```

```
In  [29]: Bool(0.0)
Out[29]: false
```

```
In  [30]: Bool(2.0)
          InexactError: Bool(2.0)

          Stacktrace:
          [1]  Bool(::Float64) at  ./float.jl:73
          [2] top-level scope at  In[30]:1
```

▸ 整數與字元之間的轉換

整數與字元之間的轉換在筆者的前作《Julia 程式設計》中已經有描述到，這邊只簡短示範。

```
In  [31]: Char(65)
Out[31]: 'A': ASCII/Unicode U+0041  (category  Lu:  Letter, uppercase)

In  [32]: Int('A')
Out[32]: 65
```

▸ 將資料轉成其他進位制

如果要將數字轉換成其他進位制的方式，可以利用 string 加上 base 的選項來決定進位制。如果是二進制就用 base=2，以此類推。

```
In  [33]: string(63,  base=2)
Out[33]: "111111"

In  [34]: string(63,  base=16)
Out[34]: "3f"

In  [35]: string(63,  base=8)
Out[35]: "77"
```

將數字轉成無符號整數會顯示出十六進位制，（這裡的「符號」是指「正負號」，無符號是指無正負號的數字）。

```
In  [36]: UInt8(63)
Out[36]: 0x3f
```

```
In  [37]: UInt16(63)
Out[37]: 0x003f
```

▶ 資料的向量處理或批次轉換

在資料的處理上，我們常常會將資料做批次或是向量的處理，這樣的方式比較一致以及兼具語法上的簡潔。

```
In  [38]: f(x) = convert(Int64, x)
          A = [1.0 2.0 3.0;
                4.0 5.0 6.0]
          f.(A)
Out[38]: 2×3 Array{Int64,2}:
          1   2   3
          4   5   6
```

3. 類別資料的處理

類別型資料是非常常見的資料形式。這邊要介紹在 Julia 有什麼方法可以處理類別型資料，在一開始我們可以先製造一些資料。

```
In  [39]: using DataFrames
          df = DataFrame(A=["A", "A", "B", missing, "C", "B", "A"],
          B=[2, 3, 1, 2, 3, 3, 2],
          C=["F", "F", "M", "F", "M", "M", "M"])
Out[39]: 7 rows × 3 columns
```

	A	B	C
	String	Int64	String
1	A	2	F
2	A	3	F

3	B	1	M
4	missing	2	F
5	C	3	M
6	B	3	M
7	A	2	M

類別型資料一般是以字串的形式呈現，字串會佔去不少記憶體空間。我們可以藉由將欄位的資料轉換成 CategorialArray 來壓縮該欄位的記憶體空間。同時，可以利用 categorical! 來轉換 df 中的 :A 欄位成為 CategorialArray。

In [40]:
```
categorical!(df, :A)
```

Out[40]: 7 rows × 3 columns

	A	B	C
	Categorical…	**Int64**	**String**
1	A	2	F
2	A	3	F
3	B	1	M
4	missing	2	F
5	C	3	M
6	B	3	M
7	A	2	M

In [41]:
```
df[:A]
```

Out[41]: 7-element CategoricalArray{Union{Missing, String},1,UInt32}:
```
"A"
"A"
"B"
missing
"C"
"B"
"A"
```

可以看到欄位 :A 的型別已經被轉成 CategorialArray，CategorialArray 則是容許遺失值（missing）的存在。如果有多個欄位需要轉換成 CategorialArray，可以不要給定欄位，那麼就會直接將所有單純為字串的欄位轉成 CategorialArray。

In [42]:
```
categorical!(df)
```

Out[42]: 7 rows × 3 columns

	A	B	C
	Categorical…	Int64	Categorical…
1	A	2	F
2	A	3	F
3	B	1	M
4	missing	2	F
5	C	3	M
6	B	3	M
7	A	2	M

當資料欄位被轉成 CategorialArray 後，我們可以做什麼呢？我們可以知道這個欄位有哪些類別，這時候可以用 levels，它可以提供一個沒有重複的類別清單。

In [43]:
```
levels(df[:A])
```

Out[43]:
```
3-element Array{String,1}:
 "A"
 "B"
 "C"
```

如果類別之間是有次序的，可以先用 levels! 指定順序，後續的 levels 就會記住這樣的順序。

```
In  [44]: levels!(df[:A], ["C", "B", "A"]);
          levels(df[:A])
Out[44]: 3-element Array{String,1}:
          "C"
          "B"
          "A"
```

預設 CategorialArray 會以 UInt32 來重新編碼當中的類別，也就是相當於可以編碼 2^{32} 個類別。

```
In  [45]: eltype(df[:A])
Out[45]: Union{Missing, CategoricalString{UInt32}}
```

如果在一個欄位當中沒有那麼多類別的話，可以使用 compress 進一步壓縮。

```
In  [46]: df[:A]  = compress(df[:A])
Out[46]: 7-element CategoricalArray{Union{Missing, String},1,UInt8}:
          "A"
          "A"
          "B"
          missing
          "C"
          "B"
          "A"
```

```
In  [47]: eltype(df[:A])
Out[47]: Union{Missing, CategoricalString{UInt8}}
```

我們可以看到已經改用 UInt8 編碼類別了。

▸ 計數

計數是個很基本但繁複的過程，如果有方便的 API 可以直接呼叫是非常方便的事情。這邊會介紹一些方便而基本的計數相關 API。這些 API 是由套件 StatsBase 提供。

```
In  [48]: using StatsBase
```

我們承襲前面的 df 物件，如果想知道欄位 B 中所包含的資料各出現過幾次，可以使用 counts 來得到計數的結果。

```
In  [49]: counts(df[:B])
Out[49]: 3-element Array{Int64,1}:
          1
          3
          3
```

想進一步知道每個類別所佔的比例關係的話，可以使用 proportions，它相當於是上面的 counts 除以所有的計數次數。

```
In  [50]: proportions(df[:B])
Out[50]: 3-element Array{Float64,1}:
          0.14285714285714285
          0.42857142857142855
          0.42857142857142855
```

以上的 API 都沒有提供所計數的資料或是類別，如果需要計數的資料或是類別，可以使用 countmap，它會提供一個字典作為結果，鍵就是所計數的資料或是類別，值就是計數結果。

```
In  [51]: countmap(df[:B])
Out[51]: Dict{Int64,Int64} with  3 entries:
          2   =>   3
          3   =>   3
          1   =>   1
```

而 proportionmap 也是提供了計數的資料或是類別，它會提供一個字典作為結果，鍵就是所計數的資料或是類別，值就是比例結果。

```
In  [52]: proportionmap(df[:B])
Out[52]: Dict{Int64,Float64} with 3 entries:
          2 => 0.428571
          3 => 0.428571
          1 => 0.142857
```

▸ 排行

排行也是常常使用到的功能。ordinalrank 會依據資料由小到大排序的結果，給予一個正整數表示排行。在 ordinalrank 中會給重複的資料（例如：相同的 2）不同的排行。

```
In  [53]: ordinalrank(df[:B])
Out[53]: 7-element Array{Int64,1}:
          2
          5
          1
          3
          6
          7
          4
```

competerank 跟 ordinalrank 有類似的行為，但是排行上，重複的資料會有相同的排行。

```
In  [54]: competerank(df[:B])
Out[54]: 7-element Array{Int64,1}:
          2
          5
          1
          2
          5
          5
          2
```

4. 格式轉換

對於不同資料格式的轉換，牽涉到不同格式的資料當中的結構是不同的。在處理上，不同格式的資料是否能夠互相轉換，我們需要先對不同格式的資料做解析，解析完畢之後可以對應成程式當中能夠操作的陣列或是字典的資料結構。在資料結構上的轉換會是相對容易處理的，所以在這邊我們就教大家如何去解析跟讀取不同檔案格式的資料。

▸ 處理 json 格式的資料

json 格式可以說是處理網路資料中常見的格式。在 json 格式當中，可以有類似字典的鍵值配對結構，也會有陣列一般的結構。要讀取 json 格式就需要使用 JSON 套件。

```
In  [55]: using JSON
```

這邊我們預設一個複雜的資料結構，最外層是一個字典，當中含有字串或是數字，甚至有陣列。

```
In  [56]: x = Dict("A" => [1, 2, 3], "B" => 5.0, "C" => Dict("D" => [1.2, 3.4, 5.6],
          "E" => 789))

Out[56]: Dict{String,Any} with 3 entries:
           "B" => 5.0
           "A" => [1, 2, 3]
           "C" => Dict{String,Any}("D"=>[1.2, 3.4, 5.6],"E"=>789)
```

要將這樣的資料結構轉成 json 格式可以使用 JSON.json 來將它轉成 json 格式的字串。

```
In  [57]: json = JSON.json(x)
Out[57]: "{\"B\":5.0,\"A\":[1,2,3],\"C\":{\"D\":[1.2,3.4,5.6],\"E\":789}}"
```

然後我們就可以將這樣的字串直接寫入檔案當中。json 格式的副檔名為 .json。

In [58]:
```
open("test.json", "w") do file
    write(file, json)
end
```

Out[58]: 53

JSON 套件中也提供了方便的功能，JSON.parsefile 可以直接接受檔案，從檔案當中直接解析得到資料結構。

In [59]:
```
JSON.parsefile("test.json")
```

```
Out[59]: Dict{String,Any} with 3 entries:
  "B"  => 5.0
  "A"  => Any[1, 2, 3]
  "C"  => Dict{String,Any}("D"=>Any[1.2, 3.4, 5.6],"E"=>789)
```

或是要解析 json 格式的字串可以用 JSON.parse。

In [60]:
```
JSON.parse(json)
```

```
Out[60]: Dict{String,Any} with 3 entries:
  "B"  => 5.0
  "A"  => Any[1, 2, 3]
  "C"  => Dict{String,Any}("D"=>Any[1.2, 3.4, 5.6],"E"=>789)
```

JSON.print 可以將一個資料結構以 json 格式印出來。

In [61]:
```
JSON.print(x)
```

```
{"B":5.0,"A":[1,2,3],"C":{"D":[1.2,3.4,5.6],"E":789}}
```

▸ 處理 xml 格式的資料

xml 資料格式也是在網路資料當中常見的格式，可以跟 json 格式表示類似的資料結構，但比 json 格式來的豐富。xml 是一種跟 html 很像的標籤式語法，它是由眾多的標籤所構成的文件，在這些標籤上會包含資料、屬性等等。我們這邊會介紹如何解析 xml 檔案，至於「如何撰寫」比較繁複，這邊暫不介紹。要處理 xml 格式會需要使用 LightXML 套件。

```
In [62]: using LightXML
```

parse_file 函式可以將 xml 檔案讀取進來。

```
In [63]: xml = parse_file("test.xml")
```

```
Out[63]: <?xml version="1.0"  encoding="utf-8"?>
<bookstore>
  <book category="COOKING" tag="first">
    <title lang="en">Everyday Italian</title>
    <author>Giada De  Laurentiis</author>
    <year>2005</year>
    <price>30.00</price>
  </book>
  <book category="CHILDREN">
    <title lang="en">Harry  Potter</title>
    <author>J K. Rowling</author>
    <year>2005</year>
    <price>29.99</price>
  </book>
</bookstore>
```

xml 在資料結構上類似於樹狀結構，我們需要從它的「根部」開始。可以用 root 取得資料結構的根。

```
In [64]: xroot  = root(xml)
```

```
Out[64]: <bookstore>
  <book category="COOKING" tag="first">
    <title lang="en">Everyday Italian</title>
    <author>Giada De Laurentiis</author>
    <year>2005</year>
    <price>30.00</price>
  </book>
  <book category="CHILDREN">
    <title lang="en">Harry  Potter</title>
    <author>J K. Rowling</author>
    <year>2005</year>
    <price>29.99</price>
  </book>
</bookstore>
```

取得根的名字，可以用 name 來取得各元素的名稱，同時也是標籤名稱。

```
In  [65]: name(xroot)
Out[65]: "bookstore"
```

接著，從根開始，樹狀結構會有其子節點，child_elements 可以取得這些子節點的元素，我們可以使用迴圈列出所有元素的資訊。

```
In  [66]: for child in child_elements(xroot)
              println(name(child))
              println(child)
          end
          book
          <book category="COOKING" tag="first">
                <title lang="en">Everyday Italian</title>
                <author>Giada De  Laurentiis</author>
                <year>2005</year>
                <price>30.00</price>
             </book>
          book
                <book category="CHILDREN">
                <title lang="en">Harry  Potter</title>
                <author>J K. Rowling</author>
                <year>2005</year>
                <price>29.99</price>
          </book>
```

或是我們可以將這些元素蒐集起來以方便後續的分析。

```
In  [67]: books = collect(child_elements(xroot))
Out[67]: 2-element Array{Any,1}:
            <book category="COOKING" tag="first">
               <title lang="en">Everyday Italian</title>
               <author>Giada De  Laurentiis</author>
               <year>2005</year>
               <price>30.00</price>
            </book>
```

```
<book category="CHILDREN">
    <title lang="en">Harry  Potter</title>
    <author>J K. Rowling</author>
    <year>2005</year>
    <price>29.99</price>
</book>
```

這些元素都是書本，所以可以對它做索引，像是取出第一本書。我們可以觀察在這個標籤當中還包含了其他標籤，像是 title、author、year 跟 price。

```
In  [68]: books[1]
Out[68]: <book category="COOKING" tag="first">
             <title lang="en">Everyday Italian</title>
             <author>Giada De  Laurentiis</author>
             <year>2005</year>
             <price>30.00</price>
         </book>
```

我們可以再進一步取出書本的標題 "title"，只需要用索引的方式取出。

```
In  [69]: books[1]["title"]
Out[69]: 1-element Array{XMLElement,1}:
           <title lang="en">Everyday Italian</title
```

讀者會發現取出之後會是一個陣列，需要再從陣列中取出第一筆資料才是該元素。

```
In  [70]: books[1]["title"][1]
Out[70]: <title lang="en">Everyday Italian</title>
```

我們如果想抽出標籤當中的屬性，可以使用 attribute，第二個參數給屬性名稱。

```
In  [71]: attribute(books[1]["title"][1], "lang")
Out[71]: "en"
```

我們可以用類似的方式拿到書本的年份，亦即可以使用 content 拿到標籤中的內容。

```
In  [72]: books[1]["year"][1]
Out[72]: <year>2005</year>
```

```
In  [73]: content(books[1]["year"][1])
Out[73]: "2005"
```

▸ 存取 HDF5 格式的資料

HDF5 是科學上常用來儲存異質（heterogeneous）資料的資料格式，它提供了大型陣列的儲存，也可以儲存單一的值，甚至是影像或是文件（像是 pdf 或 excel）。它提供了一個資料描述的方式，以 group 來描述其資料夾結構關係，以 dataset 來儲存這些異質的資料。在 Julia 中要存取 HDF5 格式的資料需要 HDF5 套件。

```
In  [74]: using HDF5
WARNING: using HDF5.root in module Main conflicts with an existing identifier.
WARNING: using HDF5.name in module Main conflicts with an existing identifier.
```

```
In  [75]: A = collect(reshape(1.0:120.0, 15, 8))
Out[75]: 15×8 Array{Float64,2}:
          1.0   16.0  31.0  46.0  61.0  76.0   91.0  106.0
          2.0   17.0  32.0  47.0  62.0  77.0   92.0  107.0
          3.0   18.0  33.0  48.0  63.0  78.0   93.0  108.0
          4.0   19.0  34.0  49.0  64.0  79.0   94.0  109.0
          5.0   20.0  35.0  50.0  65.0  80.0   95.0  110.0
          6.0   21.0  36.0  51.0  66.0  81.0   96.0  111.0
          7.0   22.0  37.0  52.0  67.0  82.0   97.0  112.0
          8.0   23.0  38.0  53.0  68.0  83.0   98.0  113.0
          9.0   24.0  39.0  54.0  69.0  84.0   99.0  114.0
```

```
10.0  25.0  40.0  55.0  70.0  85.0  100.0  115.0
11.0  26.0  41.0  56.0  71.0  86.0  101.0  116.0
12.0  27.0  42.0  57.0  72.0  87.0  102.0  117.0
13.0  28.0  43.0  58.0  73.0  88.0  103.0  118.0
14.0  29.0  44.0  59.0  74.0  89.0  104.0  119.0
15.0  30.0  45.0  60.0  75.0  90.0  105.0  120.0
```

假設我們有個要儲存的陣列 A，可以使用 h5write 函式來儲存資料，第一個參數為 h5 檔案儲存的位置，第二個參數則是在 h5 檔案中資料儲存的資料夾結構，也就是 group，第三個參數則是給定要儲存的資料。

```
In  [76]: h5write("test.h5", "group1/A", A)
```

HDF5 格式比較特別的地方是，允許使用者只讀取部分資料出來。如果我們只想從剛剛儲存的資料當中取 2:8, 3:5 範圍的資料，那麼可以使用 h5read 函式。第一個參數是 h5 檔案儲存的位置，第二個參數是指定 group，第三個參數則是指定要存取的資料範圍。

```
In  [77]: data = h5read("test.h5", "group1/A", (2:8, 3:5))
Out[77]: 7×3 Array{Float64,2}:
          32.0   47.0   62.0
          33.0   48.0   63.0
          34.0   49.0   64.0
          35.0   50.0   65.0
          36.0   51.0   66.0
          37.0   52.0   67.0
          38.0   53.0   68.0
```

接著，就可以看到取出部分的陣列資料囉！

```
In  [78]: x = 5.0
Out[78]: 5.0
```

它也可以用來儲存單一數值，這次我們指定 group 為 "group1/x"，看看儲存與讀取的效果。

```
In [79]: h5write("test.h5", "group1/x", x)
```

```
In [80]: h5read("test.h5", "group1/x")
Out[80]: 5.0
```

我們可以為這筆資料加上一些敘述，敘述要以字典的方式傳遞給 h5writeattr 函式，參數使用與以上的功能雷同。要讀取描述則可以使用 h5readattr。

```
In [81]: h5writeattr("test.h5", "group1/x", Dict("type" => "number", "level" =>
         "important"))
```

```
In [82]: h5readattr("test.h5", "group1/x")
Out[82]: Dict{String,String} with 2 entries:
           "type"=> "number"
           "level" => "important"
```

▸ 直接存取 Julia 物件

我們可以利用 JLD2 套件直接存取 Julia 物件。JLD2 套件設計可以將資料結構儲存成與 HDF5 格式相容的格式，但不依賴於 HDF5 的函式庫。存取效能上有時候會比內建的序列化機制好。可以使用 JLD2 或是 FileIO 套件，這邊使用 FileIO 套件示範。

```
In [83]: using FileIO
```

就如同 HDF5 格式一樣，可以允許根據 group 儲存資料。我們可以把要儲存的資料放在字典當中，鍵就是 group，值就是資料。用 save 函式指定檔名，以及要儲存的資料。

```
In [84]: x = Dict("A" => [1, 2, 3], "B" => 5.0)
Out[84]: Dict{String,Any} with 2 entries:
           "B" => 5.0
           "A" => [1, 2, 3]
```

```
In [85]: save("test.jld2", x)
```

使用 load 函式可以將資料讀取出來，第二個參數之後是放要讀取的 group。

```
In [86]: load("test.jld2", "A", "B")
Out[86]: ([1, 2, 3], 5.0)
```

06 了解資料的意義

1. **資料中的機率（進階）**
    - 機率
    - 離散型機率分布
    - 連續型機率分布
    - 產生模擬資料
    - 統計量
2. **變量間的關係**
    - 二維圖表
    - 散布圖
    - 熱圖
    - 呈現資料密度
    - 聯合機率分布
    - 邊緣機率分布
    - 地景的描繪
    - 相關性
3. **探索式資料分析**
    - 好圖表的原則
    - 分析案例

1. 資料中的機率（進階）

▶ 機率

如同前面章節的描述，我們想要知道每個事件會發生或是不會發生，但事件的發生與否並不是決定性的，也就是我們觀察到事件有時候會發生，有時候不會發生。如此一來，我們會用機率來描述它。機率會以一個 0 到 1 的實數來表示，用來描述一件事情發生的機會大小。愈接近 1 發生的機率就愈大，愈接近 0 發生的機率就愈小。舉一個簡單的例子，擲銅板，「正面朝上」與「反面朝上」的兩種結果機會相同。這個時候我們會說，每個事件的機率都是二分之一，也就是「正面朝上」以及「反面朝上」的機會各有 50%。這邊提到的「正面朝上」與「反面朝上」就是事件。

古典機率

一般我們會以古典機率的方式來定義機率，它是一個分數的形式，分子是發生某個事件的可能數，分母是所有事件發生的可能數。

$$P(\text{事件}) = \frac{\text{某個事件的可能數}}{\text{所有事件發生的可能數}}$$

例如，我們想計算擲一個公正的骰子，「點數出現 3 以上」的機率有多少。這時候我們先計算一下所有事件發生的可能數，也就是在擲骰子的樣本空間中有多少種可能出現的結果，計算完後是 6 種。接下來，我們計算一下「點數出現 3 以上」這個事件有多少種可能出現的結果，計算完後是 3 種。最後我們可以得出「點數出現 3 以上」的機率是：

$$P(\text{點數出現 3 以上}) = \frac{3}{6} = \frac{1}{2}$$

公理化機率

近代的數學家將機率公理化之後，我們現代採用的定義是公理化機率的定義。在公理化機率的定義裡面，描述任何事件發生的機率只要滿足三個公理都可以稱為機率。

機率第一公理

$$P(\text{事件}) \geq 0$$

第一公理是非負性，也就是所有事件發生的機率都要大於等於 0。

機率第二公理

$$P(\Omega) = 1$$

第二公理是歸一化，就是整體的樣本空間發生的機率為 1，也就是所有事件的發生機率總和為 1。

機率第三公理

$$\begin{aligned} &P(\text{事件}1 \cup \text{事件}2 \cup \cdots \cup \text{事件n}) \\ &= P(\text{事件}1) + P(\text{事件}2) + \cdots + P(\text{事件n}) \\ &= \sum_i P(\text{事件}i) \end{aligned}$$

第三個公理是可加性，也就是兩兩不相關的事件所發生的機率等於該機率的總和。

人們往往會討論單一事件數發生的機率。如果我們想了解整個樣本空間所發生的機率，我們就會希望了解個別基本事件所發生的機率。如此一來，我們就可以將整個機率畫成一個分布圖，如圖 6-1 所示。

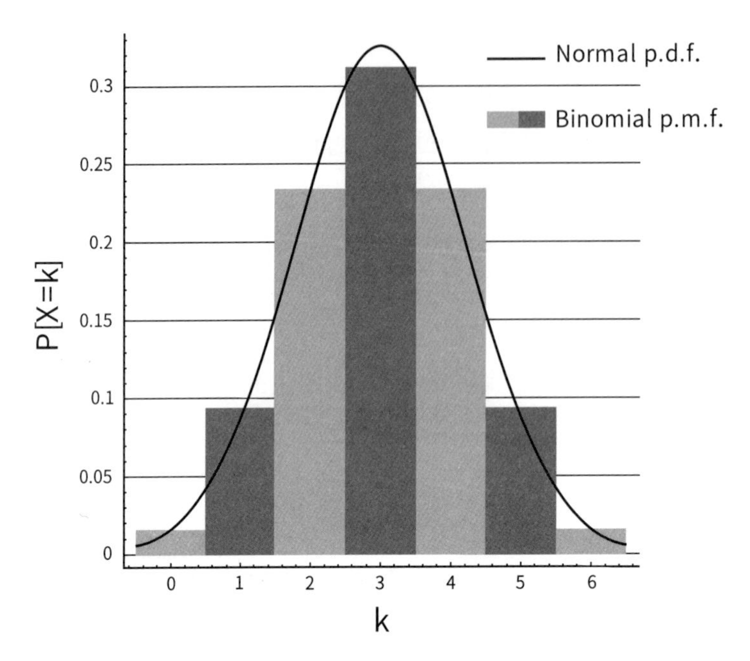

圖 6-1　機率分布（圖片來源：維基百科：Binomial distribution）

我們可以從圖 6-1 看到發生機率最高的是 k=3 的事件，發生機率約在 0.3，而 k=1 事件發生的機率約在 0.1。這樣我們可以了解整個樣本空間中的事件發生機率。

如此一來，我們可以自然地將一個資料欄位，利用機率分布的方式將資料表示出來。機率分布是由資料出現的次數估計出來的，可以從現有的資料中估計機率分布。我們可以粗分為離散型機率分布以及連續型機率分布。這樣的分類端看你使用的資料型態是離散型資料或是連續型資料而定。接下來，我們會分別介紹離散型機率分布，以及連續型機率分布。

▸ 離散型機率分布

機率分布有非常多種，這邊我們只介紹幾種常見也是代表性的機率分布。在 Julia 中使用機率分布相關的操作可以使用 Distributions 套件。

In [1]:
```
using Distributions, Gadfly
```

二項式分布

先介紹常見的**二項式分布（binomial distribution）**，它可以用來描述二元分類的資料。假設有二元分類的資料，像是投票中贊成或反對票，或是實驗成功與失敗等等這類的二元類別型資料。我們就來親手造出一個二項式分布的圖形吧！

在二項式分布中有兩個重要的參數，分別是次數 n 以及成功機率 p，假設情境是投票贊成或反對，n 代表了總投票的次數，p 代表了投下贊成票的比例。

In [2]:
```
n = 10
p = 0.5
bi = Binomial(n, p)
```

```
Out[2]: Binomial{Float64}(n=10, p=0.5)
```

用 Binomial 搭配上這兩個參數，就可以造出一個二項式分布囉！有了二項式分布後，我們可以做什麼呢？

我們先來蒐集一些可以繪圖的資料點 xs，並且根據這些資料點估計個別資料點的機率，這邊可以用 pdf(bi, x)，第一個參數需要指定特定機率分布，第二個參數則是指定的資料點。在這邊，我們的資料點就是一個基本事件。

In [3]:
```
xs = collect(0:10)
ys = [pdf(bi, x) for x in xs]
```

```
Out[3]: 11-element Array{Float64,1}:
 0.0009765625
 0.009765625000000002
 0.04394531249999996
 0.11718750000000014
 0.20507812499999997
```

```
0.24609375000000003
0.20507812499999997
0.11718750000000014
0.04394531249999996
0.009765625000000002
0.0009765625
```

二項式分布就可以用以下的方式繪製出來。

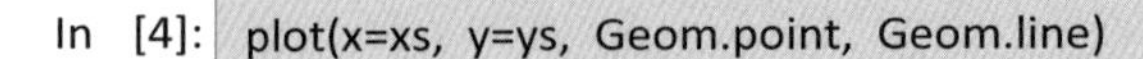

```
In  [4]: plot(x=xs, y=ys, Geom.point, Geom.line)
```

Out[4]:

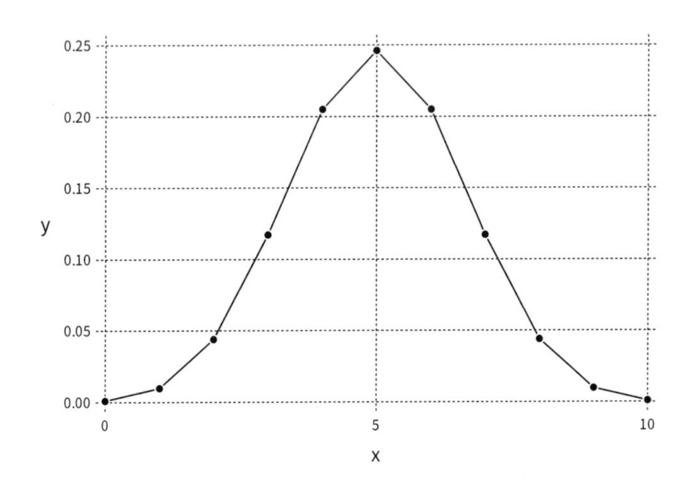

帕松分布

帕松分布（Poisson distribution）是另一個常見的離散型機率分布。如果我們考慮計數型資料，像是影片的點擊數、進入商店的人數等等，這些計數資料都可以用帕松分布描述。在帕松分布中有個參數是 λ，它可以用來描述平均的次數，假設是用來估計影片的點擊次數，那 λ 就是平均一分鐘內影片的點擊次數，是對時間的平均。帕松分布最重要的特色之一就是期望值與變異數相同，就是 λ。

In [5]:
```
λ = 3
p = Poisson(λ)
```
Out[5]: Poisson{Float64}(λ=3.0)

我們一樣蒐集一些可以繪圖的資料點 xs，並且根據這些資料點估計個別資料點的機率。

In [6]:
```
xs = collect(0:15)
ys = [pdf(p, x) for x in xs]
```
Out[6]:
```
16-element Array{Float64,1}:
 0.049787068367863944
 0.14936120510359185
 0.22404180765538775
 0.22404180765538778
 0.16803135574154093
 0.1008188134449245
 0.05040940672246226
 0.021604031452483786
 0.008101511794681437
 0.002700503931560477
 0.0008101511794681424
 0.00022095032167312987
 5.5237580418282596e-5
 1.2747133942680586e-5
 2.7315287020029766e-6
 5.463057404005967e-7
```

接下來就可以看到帕松分布的形狀囉！可能會覺得奇怪，為什麼只有計算整數資料點？這是因為離散型的機率分布只有在整數點上有定義。

In [7]:
```
plot(x=xs, y=ys, Geom.point, Geom.line)
```
Out[7]:

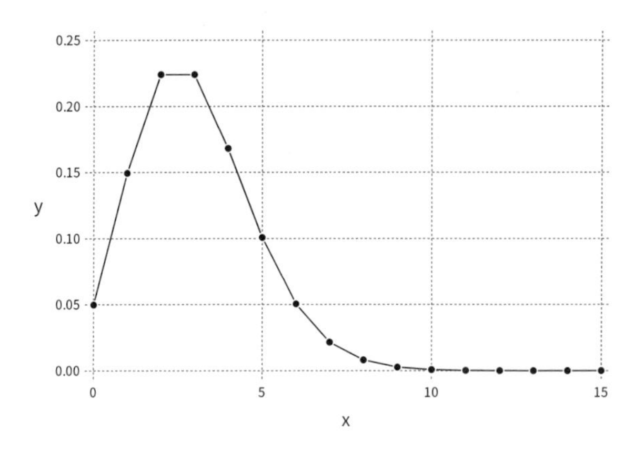

▸ 連續型機率分布

常態分布

常態分布（normal distribution）是自然界常見的機率分布，常常可以在各種實驗或是量測當中見到。它可以用來描述人類的身高、體重和自然界絕大多數物理量的分布等等。常態分布的參數是會在統計學中出現的平均值 μ 與標準差 σ。

In [8]:
```
μ = 5
σ = 1
n = Normal(μ, σ)
```

Out[8]: Normal{Float64}(μ=5.0, σ=1.0)

如同上面的方式，我們來繪製它的機率分布。

In [9]:
```
xs = collect(0.0:0.1:10.0)
ys = [pdf(n, x) for x in xs]
```

Out[9]: 101-element Array{Float64,1}:
```
1.4867195147342977e-6
2.438960745893352e-6
3.961299091032075e-6
6.36982517886709e-6
```

```
1.0140852065486758e-5
1.5983741106905475e-5
2.4942471290053535e-5
3.853519674208713e-5
5.8943067756539855e-5
8.926165717713293e-5
0.00013383022576488537
0.00019865547139277272
0.00029194692579146027

0.00019865547139277237
0.00013383022576488537
8.926165717713293e-5
5.894306775654006e-5
3.8535196742086994e-5
2.4942471290053535e-5
1.5983741106905475e-5
1.0140852065486758e-5
6.369825178867125e-6
3.961299091032061e-6
2.438960745893352e-6
1.4867195147342977e-6
```

In [10]:
```
plot(x=xs, y=ys, Geom.point, Geom.line)
```

Out[10]:

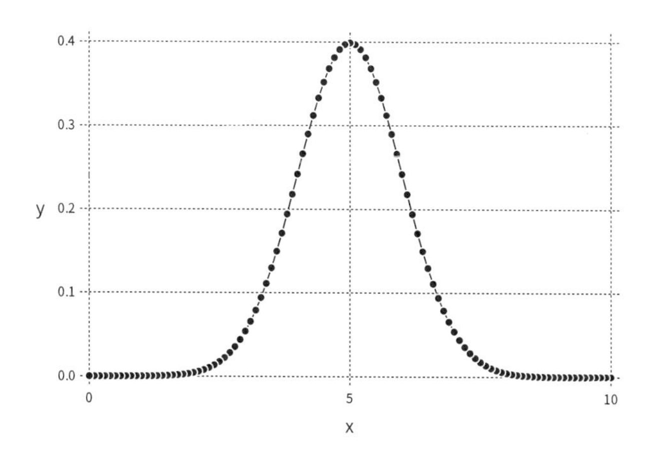

▸ 產生模擬資料

在拿到機率分布之後，我們就可以試著從這些機率分布中產生一些模擬資料。若是想產生機率分布是**標準常態分布（standard normal distribution）**的模擬資料，也就是數值整體分布期望值為 0，標準差為 1。我們可以用 randn 產生從標準常態分布抽樣的亂數陣列，當中的參數是要產生的陣列維度。

In [11]:
```
μ = 0.0
σ = 1.0
n = Normal(μ, σ)
data = randn(1000);
```

通常在統計上，我們會假設隨機變數（random variable）。隨機變數可以用來代表一個機率分布，我們就可以從這個隨機變數身上產生一些隨機的資料。一般隨機變數會使用大寫的英文字母來代表，像是在這邊用 X 來表示服從一個常態分布的隨機變數。

$$X \sim Normal(\mu, \sigma)$$

我們可以將 randn 看成類似於隨機變數抽樣的動作，這樣產生出來的模擬資料就可以供我們做一些小實驗。

In [12]:
```
xs = collect(-4.0:0.1:4.0)
ys = [pdf(n, x) for x in xs];
```

在 Gadfly 中可以將兩張圖以不同圖層的方式分開繪製並疊合，所以我們可以用 layer 將機率分布和模擬資料分開成 layer1 及 layer2。將兩者放進 plot 裡繪製，並且利用 Theme(default_color="black") 來指定圖形的顏色。

In [13]:
```
layer1 = layer(x=xs, y=ys, Geom.point, Theme(default_color="black"))
layer2 = layer(x=data, Geom.histogram(density=true))
plot(layer1, layer2)
```

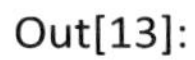

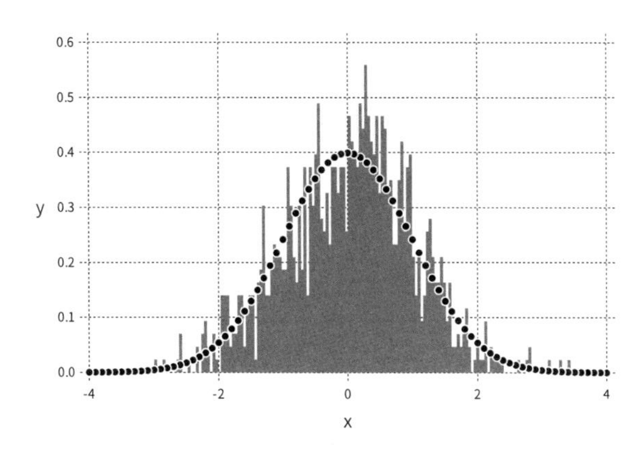

這邊我們可以看到模擬資料會接近用 pdf 畫出來的機率分布。用 pdf 畫出來的機率分布可以看成是理論值，而模擬資料則是實際的樣本。儘管實際樣本並不會完全貼合理論值，但整體是接近的。

In [14]:
```
data2 = randn(10000)
layer1 = layer(x=xs, y=ys, Geom.point, Theme(default_color="black"))
layer2 = layer(x=data2, Geom.histogram(density=true))
plot(layer1, layer2)
```

Out[14]:

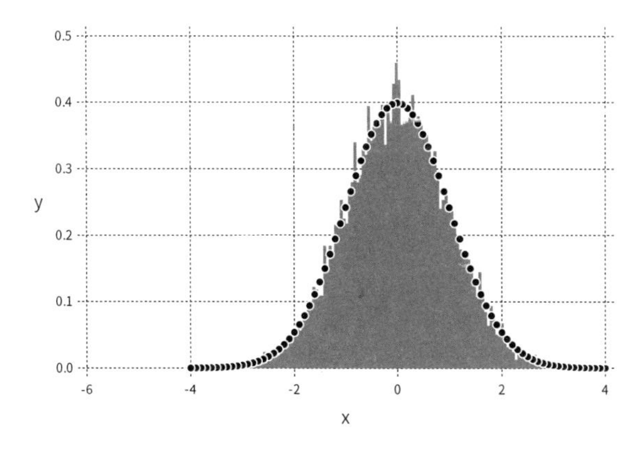

一旦增加抽樣的樣本數，我們就可以看到樣本的分布狀態是更接近理論的機率分布。

In [15]:
```
data3 = randn(100000)
layer1 = layer(x=xs, y=ys, Geom.point, Theme(default_color="black"))
layer2 = layer(x=data3, Geom.histogram(density=true))
plot(layer1, layer2)
```

Out[15]:

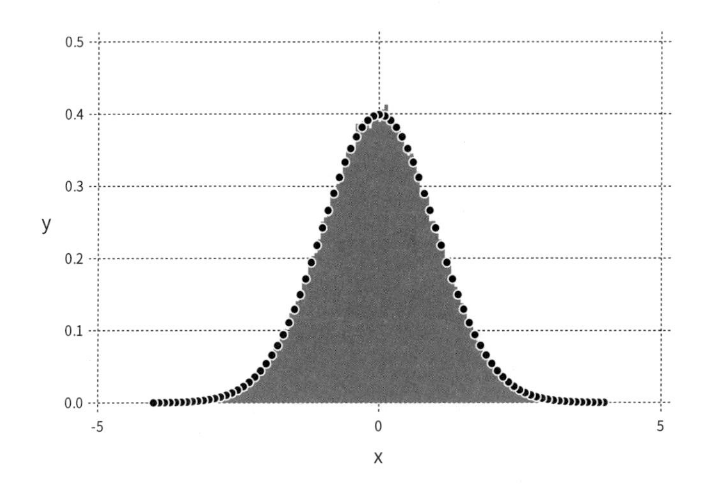

我們也可以用前面建構的二項式分布做抽樣，便可造出像下面這樣的模擬資料。

In [16]:
```
xs = rand(bi, 1000);
```

In [17]:
```
plot(x=xs, Geom.histogram)
```

Out[17]:

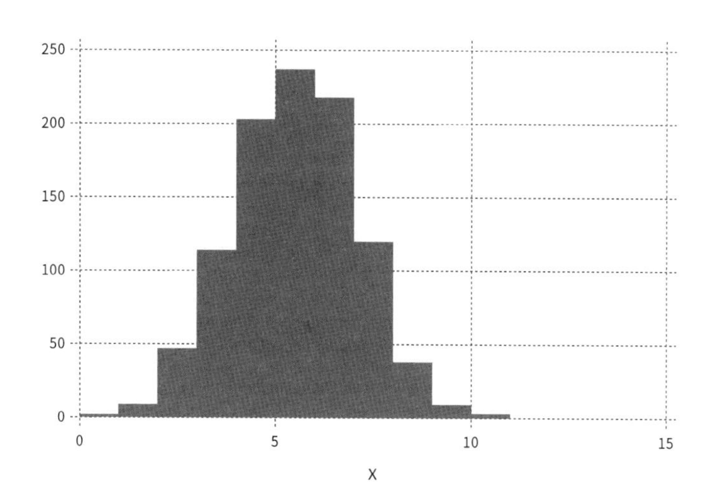

如果是用帕松分布做抽樣，可以造出像下面這樣的模擬資料。

In [18]:
```
xs = rand(p, 1000);
```

In [19]:
```
plot(x=xs, Geom.histogram)
```

Out[19]:

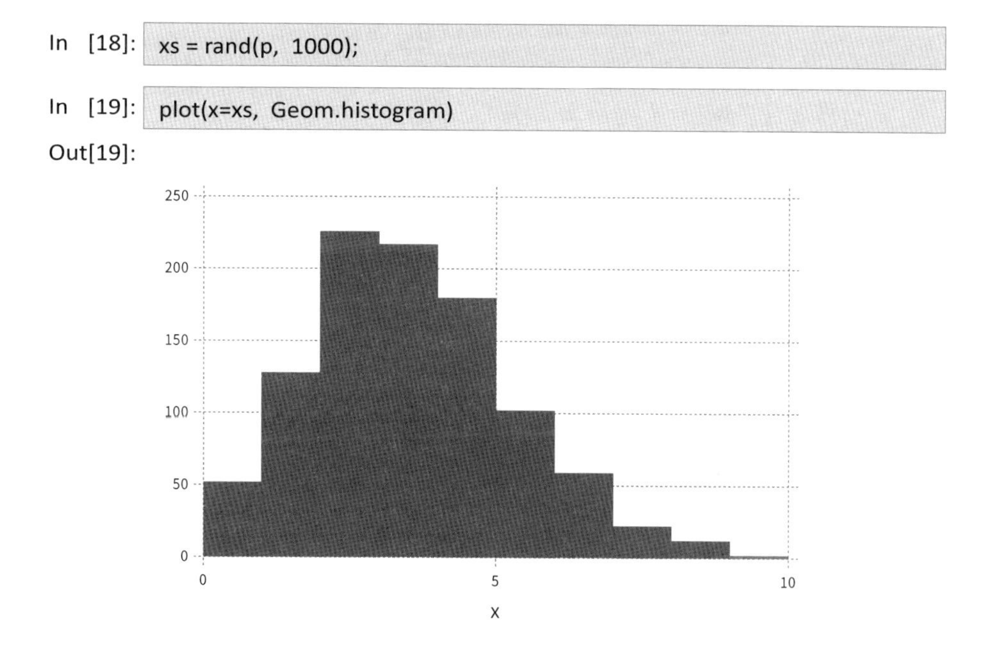

▸ 統計量

如果要描述一個資料欄位或者是機率分布，我們通常會用統計量來描述整個資料分布的特性。在統計量當中，通常我們會關注資料的集中趨勢或是離散趨勢。集中趨勢指的是資料會往某個方向集中，離散趨勢則是資料到底有多分散。計算統計量可以使用 StatsBase 套件。

In [20]:
```
using StatsBase
```

平均與標準差

在連續型資料或是機率分布中，我們可以用平均值（mean）或期望值來描述資料集中的趨勢。平均值的計算公式如下：

$$\bar{x} = \mathbb{E}[X] = \frac{1}{n}\sum_i x_i$$

$\bar{x}$ 是樣本平均值，$\mathbb{E}$ 是計算期望值的函數，n 是樣本數，x_i 是個別的資料。**標準差（standard deviation）**則是用來描述資料的離散程度。標準差的公式如下：

$$std = \sqrt{\frac{1}{n}\sum_i (x_i - \mu)^2} = \sqrt{\frac{1}{n}\sum_i x_i^2 - \mu^2}$$

在統計中還有另一個描述資料離散程度的指標，是**變異數（variance）**，它剛好是標準差的平方，公式如下：

$$var = \frac{1}{n}\sum_i (x_i - \mu)^2 = \frac{1}{n}\sum_i x_i^2 - \mu^2$$

不過，我們並不需要自己將公式寫到程式當中，而可以用現成的套件功能。我們可以從標準常態分布當中抽樣，並且期待從這些抽樣的資料計算平均值會接近標準常態分布的平均值 0，而標準差會接近標準常態分布的標準差 1。

```
In  [21]: xs = randn(1000);
```

計算平均值，可以看看是不是接近 0。

```
In  [22]: mean(xs)
Out[22]: -0.026935795614233645
```

var 可以計算變異數。

```
In  [23]: var(xs)
Out[23]: 0.9997285182990311
```

計算標準差，可以看看是不是接近 1。

```
In  [24]: std(xs)
Out[24]: 0.9998642499354755
```

我們來試試看如果將所有資料變成兩倍之後，有哪些數值會變。

```
In  [25]: xs = 2*xs;
```

mean_and_var 可以同時給出平均值及變異數。

```
In  [26]: mean_and_var(xs)
Out[26]: (-0.05387159122846729, 3.9989140731961244)
```

mean_and_std 可以同時給出平均值及標準差。

```
In  [27]: mean_and_std(xs)
Out[27]: (-0.05387159122846729, 1.999728499870951)
```

中位數與四分位距

當資料並不是連續型資料，或是不適用常態分布的假設時，我們還有另一種統計量可以選擇，那就是中位數。中位數是資料集中趨勢不錯的指標，亦是將資料排序之後排行中間的那個數（50%）。我們利用帕松分布做抽樣來看看。設定帕松分布的期望值為 3，看看後面的統計量計算出來是多少。

In [28]:
```
λ = 3
p = Poisson(λ)
xs = rand(p, 2000);
```

In [29]:
```
plot(x=xs, Geom.histogram)
```

Out[29]:

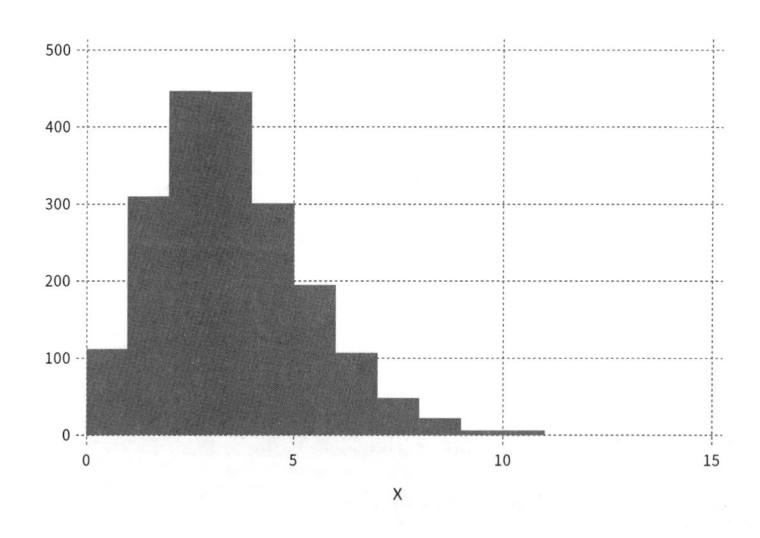

median 是計算中位數的函式，可以發現計算出來正好跟期望值一樣呢！

In [30]:
```
median(xs)
```

Out[30]: 3.0

percentile 可以計算一群資料的百分位數，第二個參數可以指定是多少百分位數。

```
In  [31]: percentile(xs, 5)
Out[31]: 0.0
```

```
In  [32]: percentile(xs, 95)
Out[32]: 6.0
```

quantile 可以計算一群資料的分位數，第二個參數可以指定任意 0～1 之間的數值來計算分位數。

```
In  [33]: quantile(xs, 0.25)
Out[33]: 2.0
```

```
In  [34]: quantile(xs, 0.75)
Out[34]: 4.0
```

nquantile 可以計算一群資料的 N 分位數，第二個參數可以指定任意數值來計算資料的 N 分位數。

```
In  [35]: nquantile(xs, 5)
Out[35]: 6-element Array{Float64,1}:
          0.0
          1.0
          2.0
          3.0
          4.0
         10.0
```

iqr 是計算**四分位距（inter-quartile range, IQR）**的函式，它是第三四分位數和第一四分位數的差值，這個統計量就可以拿來代表資料的離散程度。

```
In  [36]: iqr(xs)
Out[36]: 2.0
```

mad 用來計算 median absolute deviation（mad），是另一個代表資料離散程度的統計量。在 robust statistics 常會看到它。它計算資料點相對於中位數的絕對值，這些絕對值的中位數就是 MAD，以下為公式：

$$MAD = median(|x_i - \tilde{x}|), \tilde{x} = median(x_i)$$

```
In  [37]: mad(xs)
```

```
┌ Warning: the 'normalize' keyword argument will be false by default in
│ future releases: set it explicitly to silence this deprecation
│ caller = top-level scope at In[37]:1
└ @ Core In[37]:1
```

```
Out[37]: 1.4826022185056018
```

眾數與全距

類別型資料想要知道資料的集中趨勢，而沒有前面的平均值或是中位數可以計算時，可以使用**眾數（mode）**，它是標示資料出現次數最多的統計量。

```
In  [38]: mode(xs)
Out[38]: 2
```

離散型或是連續型資料都可以計算資料的最大值或是最小值，藉以知道資料的極限在哪邊。同時，可以進一步計算出資料的**全距（range）**，那是一種知道資料離散程度的統計量。

```
In  [39]: maximum(xs)
Out[39]: 10
```

```
In  [40]: minimum(xs)
Out[40]: 0
```

統計摘要

如果想要一口氣知道多個關於資料的統計量，可以使用 summarystats，它會給出多個敘述統計的統計量。

In [41]:
```
summarystats(xs)
```

Out[41]:
```
Summary Stats:
Length:         2000
Missing Count:  0
Mean:           2.994500
Minimum:        0.000000
1st Quartile:   2.000000
Median:         3.000000
3rd Quartile:   4.000000
Maximum:        10.000000
```

如果想知道一整個 DataFrame 的統計量，可以用 describe，它會將每個欄位都去計算統計量。

In [42]:
```
using DataFrames
df = DataFrame(A=["A", "A", "B", missing, "C", "B", "A"],
               B=[2, 3, 1, 2, 3, 3, 2],
               C=["F", "F", "M", "F", "M", "M", "M"],
               D=[2.1, 52.3, 4.0, 1.6, 5.1, 9.2, 8.7])
```

```
┌ Info: Loading DataFrames support into Gadfly.jl
└ @ Gadfly /home/pika/.julia/packages/Gadfly/09PWZ/src/mapping.jl:228
```

Out[42]: 7 rows × 4 columns

	A	B	C	D
	String	Int64	String	Float64
1	A	2	F	2.1
2	A	3	F	52.3
3	B	1	M	4.0
4	missing	2	F	1.6
5	C	3	M	5.1

6	B	3	M	9.2
7	A	2	M	8.7

In [43]:
```
describe(df)
```

Out[43]: 4 rows × 8 columns

	variable	mean	min	median	max	nunique	nmissing	eltype
	Symbol	Union⋯	Any	Union⋯	Any	Union⋯	Union⋯	DataType
1	A		A		C	3	1	String
2	B	2.28571	1	2.0	3			Int64
3	C		F		M	2		String
4	D	11.8571	1.6	5.1	52.3			Float64

其他平均與動差

以下介紹計算各式資料的平均跟動差。

計算**幾何平均數（geometric mean）**。

In [44]:
```
geomean(xs)
```

Out[44]: 0.0

計算**調和平均數（harmonic mean）**。

In [45]:
```
harmmean(xs)
```

Out[45]: 0.0

計算資料分布的**偏度（skewness）**。

In [46]:
```
skewness(xs)
```

Out[46]: 0.6793007880297067

計算資料分布的**峰度（kurtosis）**。

```
In  [47]: kurtosis(xs)
Out[47]: 0.47659933380616026
```

計算資料的任意**動差**（moment）。

```
In  [48]: moment(xs, 3)
Out[48]: 4.041677417249982
```

2. 變量間的關係

我們前面提到了資料可以看成是從一個理論的機率分布抽樣得來的，而這個理論的機率分布就是**母體**（population），而手上的資料就是**樣本**（sample），從母體中產生資料的過程就是**抽樣**（sampling）。一筆資料往往會有很多個欄位，這意味著我們針對同一個樣本進行了不同角度的觀察，得出了這些欄位。這些欄位都有自己的母體，同一筆資料是以不同的方式或角度測量或觀察的，所以不同欄位並不是來自於同一個母體。

不過，若是假設同一個欄位的資料是來自同一個母體，那麼就可以將一個欄位看成一個隨機變數，而欄位的資料便是由那個隨機變數所抽樣出來的資料了。不同於以往的變數是決定性的值，隨機變數的值並不是決定性的，它是時時刻刻都在變動的。從這樣的一個隨機變數當中抽取出來的樣本，就是我們的資料。如果想知道資料中不同變量之間的關係，我們可以利用二維的圖表來呈現，找到資料當中變量之間的關係。

▶ 二維圖表

要呈現不同變量之間的關係，我們會使用二維的圖表。將一個變量繪製在一個維度上，這樣就可以看出兩者變量之間是否相關。

```
In  [49]: using RDatasets, Gadfly
```

In [50]:
```
iris = dataset( "datasets" , "iris" )
```

Out[50]: 150 rows × 5 columns

	SepalLength	SepalWidth	PetalLength	PetalWidth	Species
	Float64	Float64	Float64	Float64	Categorical…
1	5.1	3.5	1.4	0.2	setosa
2	4.9	3.0	1.4	0.2	setosa
3	4.7	3.2	1.3	0.2	setosa
4	4.6	3.1	1.5	0.2	setosa
5	5.0	3.6	1.4	0.2	setosa
6	5.4	3.9	1.7	0.4	setosa
7	4.6	3.4	1.4	0.3	setosa
8	5.0	3.4	1.5	0.2	setosa
9	4.4	2.9	1.4	0.2	setosa
10	4.9	3.1	1.5	0.1	setosa
11	5.4	3.7	1.5	0.2	setosa
12	4.8	3.4	1.6	0.2	setosa
13	4.8	3.0	1.4	0.1	setosa
14	4.3	3.0	1.1	0.1	setosa
15	5.8	4.0	1.2	0.2	setosa
16	5.7	4.4	1.5	0.4	setosa
17	5.4	3.9	1.3	0.4	setosa
18	5.1	3.5	1.4	0.3	setosa
19	5.7	3.8	1.7	0.3	setosa
20	5.1	3.8	1.5	0.3	setosa
21	5.4	3.4	1.7	0.2	setosa
22	5.1	3.7	1.5	0.4	setosa
23	4.6	3.6	1.0	0.2	setosa
24	5.1	3.3	1.7	0.5	setosa
25	4.8	3.4	1.9	0.2	setosa
26	5.0	3.0	1.6	0.2	setosa
27	5.0	3.4	1.6	0.4	setosa
28	5.2	3.5	1.5	0.2	setosa

29	5.2	3.4	1.4	0.2	setosa
30	4.7	3.2	1.6	0.2	setosa
⋮	⋮	⋮	⋮	⋮	⋮

▸ 散布圖

散布圖（scatter plot）是一個很好用來呈現變量之間關係的圖表。散布圖是由點所構成，將不同的變量繪製在 x 跟 y 軸上，並將點標記在二維的座標平面上。從以下的圖表可以看到，隨著 PetalLength 愈大，PetalWidth 也愈大的資料分布狀態。如此，我們就可以從資料中看到一個趨勢存在。

In [51]:
```
plot(iris, x="PetalLength", y="PetalWidth", color="Species", Geom.point)
```
Out[51]:

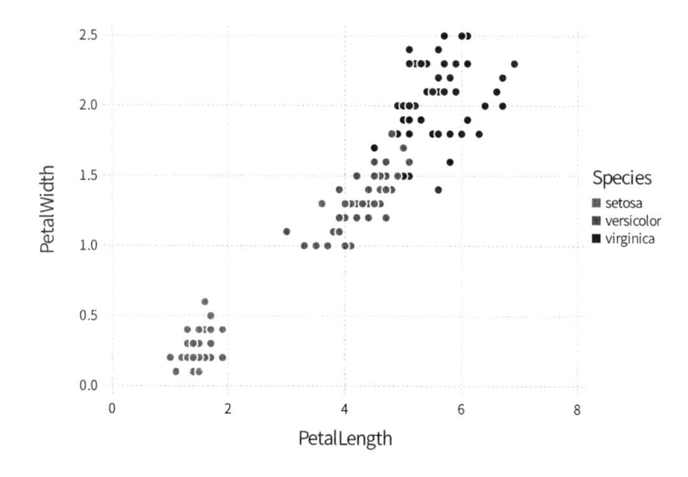

在 Gadfly 中，可以用 Geom.abline 來繪製斜直線，線的斜率及截距分別由 slope 及 intercept 給定。

In [52]:
```
plot(iris, x="PetalLength", y="PetalWidth", color="Species", Geom.point,
intercept=[-0.8], slope=[0.5], Geom.abline(color="red", style=:dash))
```

Out[52]:

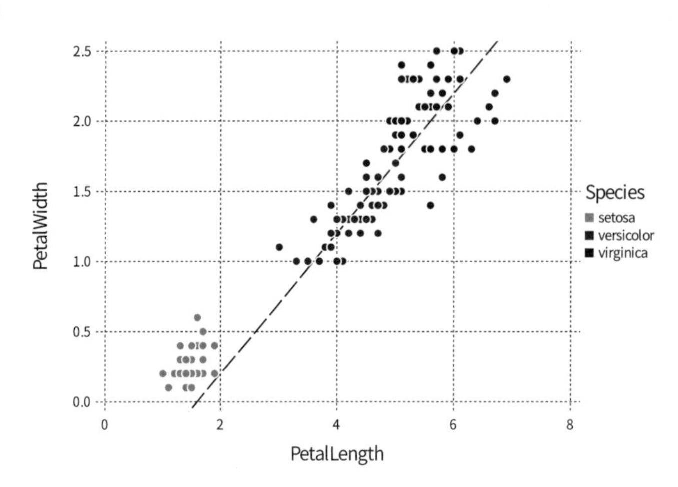

如果希望在圖上標記鉛直線，可以用 Geom.vline，並給定 xintercept 來指定 x 軸的位置。這邊我們標定了 PetalLength 的平均值。

In [53]:
```
μ = mean(iris[:PetalLength])
```

Out[53]: 3.7580000000000005

In [54]:
```
plot(iris, x="PetalLength", y="PetalWidth", color="Species",
xintercept=[μ], Geom.vline, Geom.point)
```

Out[54]:

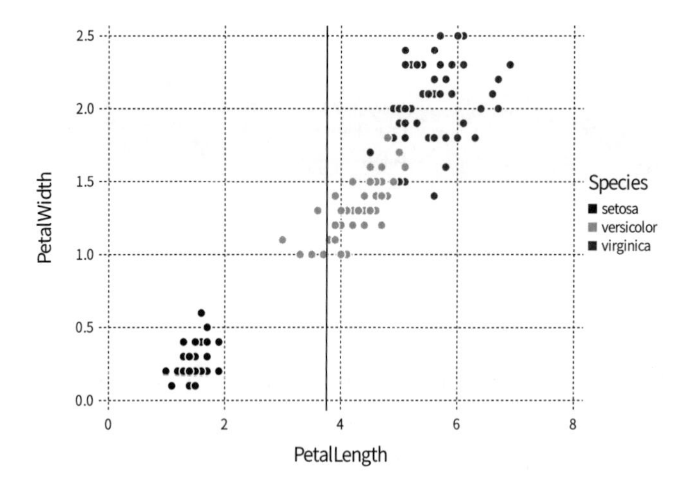

如果希望在圖上標記水平線，可以用 Geom.hline，並給定 yintercept 來指定 y 軸的位置。這邊我們標定了 PetalWidth 的平均值。

In [55]:
```
μ = mean(iris[:PetalWidth])
```
Out[55]: 1.1993333333333336

In [56]:
```
plot(iris, x="PetalLength", y="PetalWidth", color="Species",
yintercept=[μ], Geom.hline(color=["black"]), Geom.point)
```
Out[56]:

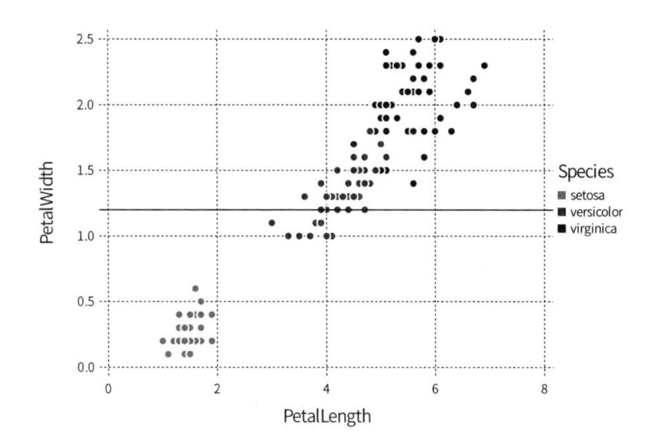

▶ 熱圖

熱圖（heatmap）可以用來呈現兩個類別或離散型資料之間的關係。在這邊用 Geom.histogram2d 會將資料的計數結果，以顏色的方式呈現在中間的方格當中。次數比較多就會愈偏向紅色，次數愈低就會愈偏向藍色。這樣的呈現可以讓我們知道哪些資料會一起出現，那麼它們就是相關性比較高的組合。

In [57]:
```
data = dataset("car", "Womenlf")
plot(data, x="HIncome", y="Region", Geom.histogram2d)
```
Out[57]:

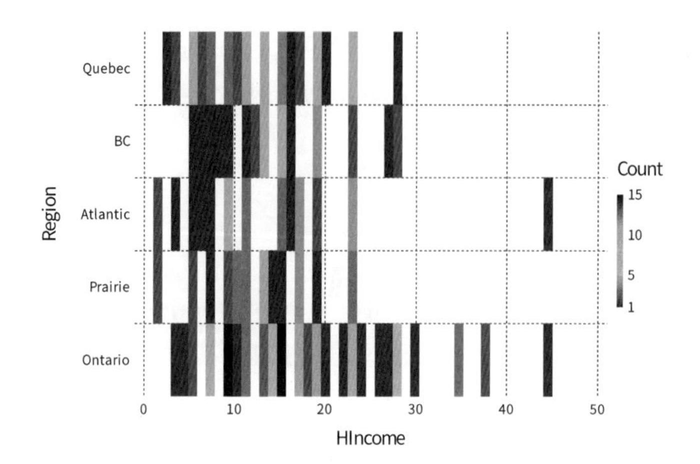

另一種熱圖的呈現方式是使用 Geom.rectbin，它除了需要指定 x 跟 y 軸，亦需要指定 color 來呈現格子中的顏色。這樣的方式較為自由，可以指定計數以外的數值。

In [58]:
```
esoph = dataset("datasets", "esoph")
esoph[:ratio] = esoph[:NCases] ./ (esoph[:NControls] .+ esoph[:NCases]);
```

In [59]:
```
plot(esoph, x="AgeGp", y="AlcGp", color="ratio", Geom.rectbin)
```

Out[59]:

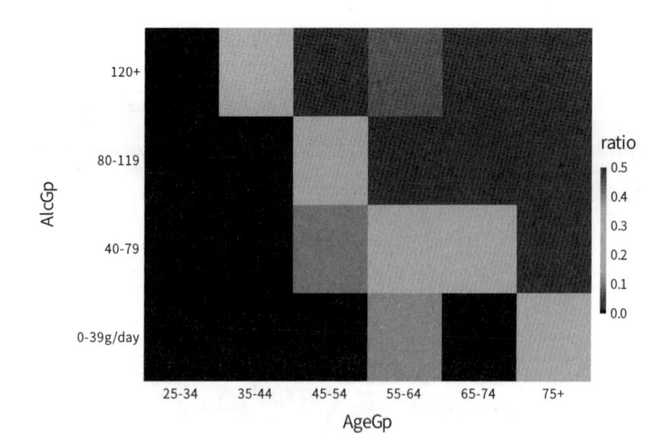

▸ 呈現資料密度

Geom.hexbin 會在圖上呈現一個一個小小的六角形並上色，可以顯示資料的密布分布狀態。給定 x 跟 y 軸的欄位資料之後，它會自動計算資料的密度，並且將密度以顏色的方式呈現，所以計數次數較高的會呈現紅色。此處模擬了 1000 筆從標準常態分布抽樣出來的資料，我們可以看到呈現出來的是一個類似於圓球形的分布。

In [60]:
```
plot(x=randn(10000), y=randn(10000), Geom.hexbin)
```

Out[60]:

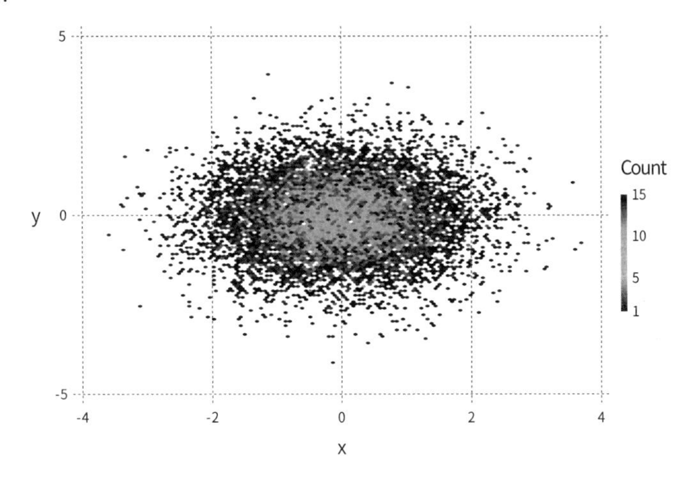

Geom.ellipse 可以繪製橢圓形，將資料中不同的群集區分開來。需要使用額外的參數 group，它需要離散或是類別資料，繪圖時就會根據不同的群集分別用橢圓形圈起來。

In [61]:
```
d = dataset("datasets","faithful")
d[:g] = d[:Eruptions] .> 3.0
plot(d, x="Eruptions", y="Waiting", group="g", Geom.point, Geom.
ellipse)
```

Out[61]:

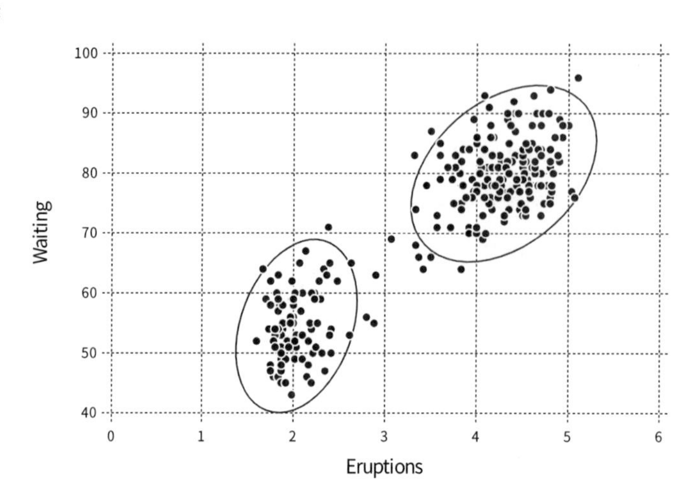

Geom.density2d 也是呈現資料密度的繪製方式。它會根據資料密度，畫出類似等高線的圖形。

In [62]:
```
plot(x=randn(1000), y=randn(1000), Geom.density2d, Geom.point, Scale.color_continuous)
```

Out[62]:

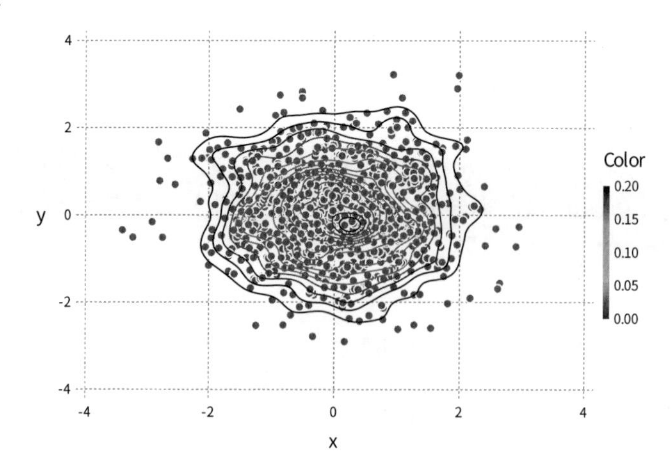

▶ 聯合機率分布

我們這邊從標準常態分布當中抽樣了 10,000 筆的資料，分別是 x 跟 y 的資料。

In [63]:
```
using DataFrames
df = DataFrame(x=randn(10000), y=randn(10000));
```

In [64]:
```
plot(df, x="x", y="y", Geom.histogram2d)
```

Out[64]:

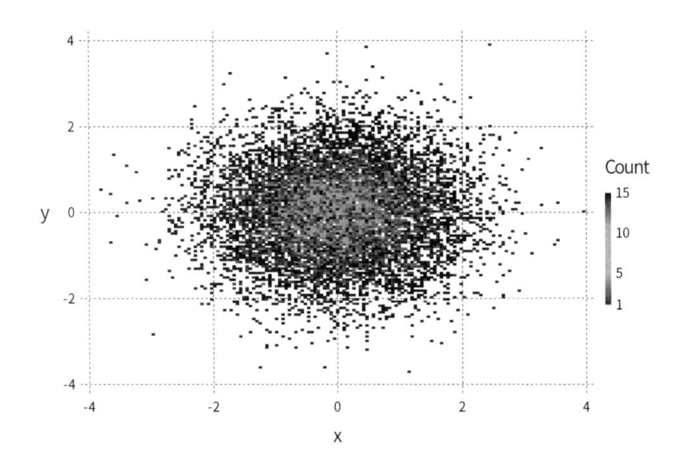

我們將資料畫在二維平面上，可以看到資料往中心集中，呈現出一個圓球狀。像這樣將兩個以上的欄位或是隨機變數組合起來，變成（X, Y）的形式，我們稱為**聯合機率分布（joint probability distribution）**。如果兩個隨機變數都是服從常態分布，那麼就會看到像上面的圖。

▶ 邊緣機率分布

如果可以從聯合機率分布的 x 軸方向看過去，讓 y 軸消失。這稱為**邊緣機率分布（marginal probability distribution）**，看起來就像下面這個圖形的樣子，就是一般的常態分布曲線。

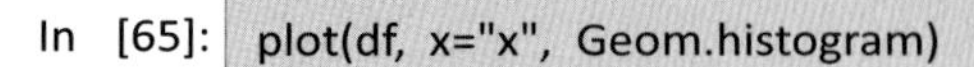

In [65]:
```
plot(df, x="x", Geom.histogram)
```
Out[65]:

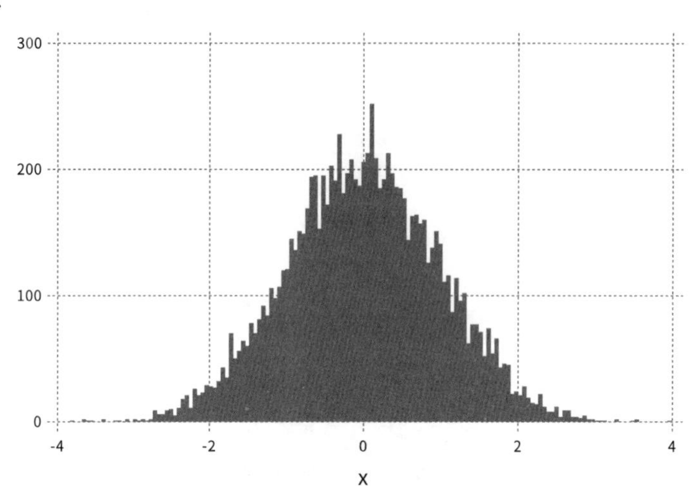

如果是從 y 軸的方向看過去，也會看到類似的分布圖形。

In [66]:
```
plot(df, x="y", Geom.histogram)
```
Out[66]:

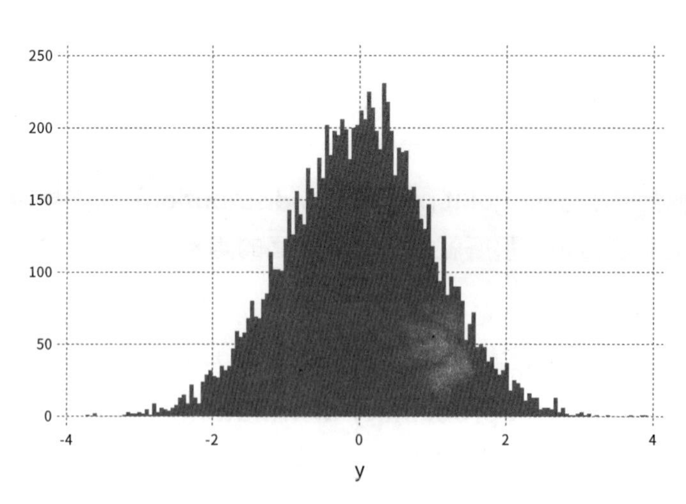

▶ 地景的描繪

在 Gadfly 套件中可以繪製一個二維函數的「樣子」。一個函數接受 x 跟 y 作為輸入，將這兩個值看成二維座標，函數會輸出計算的值，將輸出值看成「高度」，高度可以用等高線的方式來呈現。我們就可以利用 Geom.contour 繪製函數圖形。這邊假設函數圖形是 f，要給定 z 作為高度。

In [67]:
```
f(x,y) = x*exp(-(x-round(Int, x))^2-y^2)
plot(z=f, xmin=[-8], xmax=[8], ymin=[-2], ymax=[2], Geom.contour)
```

Out[67]:

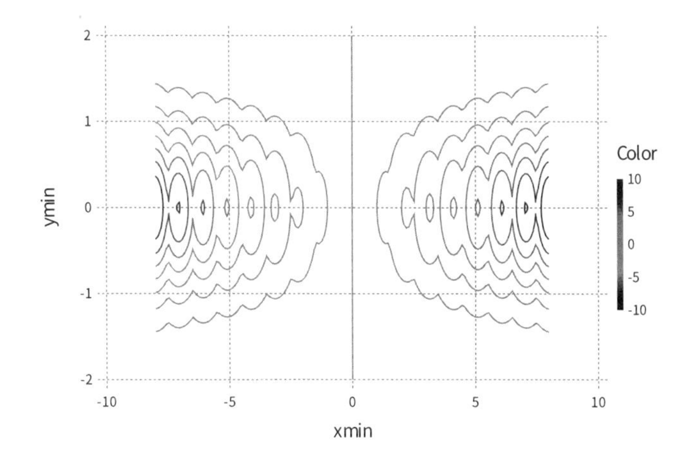

也可以從資料當中去繪製地形圖，如下。

In [68]:
```
volcano = Matrix(dataset("datasets", "volcano"))
coord = Coord.cartesian(xmin=0, xmax=80, ymin=0, ymax=60)
plot(coord, z=volcano, Geom.contour)
```

Out[68]:

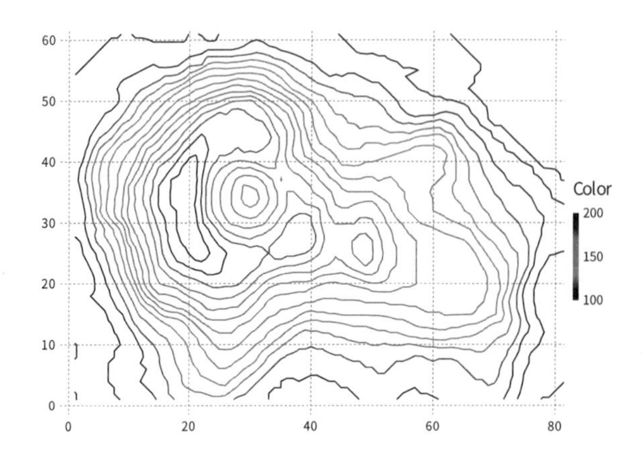

Geom.vectorfield 可以繪製向量場，搭配上 Geom.contour 就可以產生以下的效果。其中 Coord.cartesian 是給定繪圖框所要顯示的範圍，Scale.x_continuous 及 Scale.y_continuous 是將 x 跟 y 軸設定為連續，如下。

In [69]:
```
coord = Coord.cartesian(xmin=-2, xmax=2, ymin=-2, ymax=2)
plot(coord, z=(x,y)->x*exp(-(x^2+y^2)), x=-2:0.25:2.0, y=-2:0.25:2.0,
Geom.vectorfield(scale=0.4, samples=17), Geom.contour(levels=6), Scale.
x_continuous(minvalue=-2.0, maxvalue=2.0),
Scale.y_continuous(minvalue=-2.0, maxvalue=2.0))
```

Out[69]:

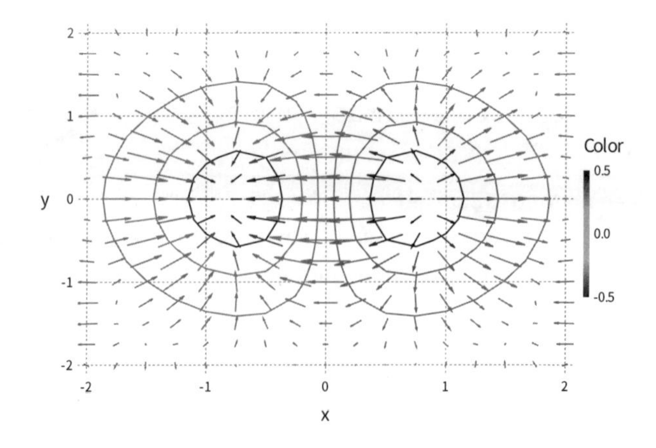

▸ 相關性

我們可以從前面介紹的圖表中，了解到資料不同變量之間的相關性。如果要確定變量之間的相關性，就需要以計算的方式得出一個量化的數值來判斷。這邊示範如何計算相關性，示範的資料集是 iris，會用到 StatsBase 套件。

```
In  [70]: iris = dataset( "datasets"， "iris" )
```

Out[70]: 150 rows × 5 columns

	SepalLength	SepalWidth	PetalLength	PetalWidth	Species
	Float64	Float64	Float64	Float64	Categorical…
1	5.1	3.5	1.4	0.2	setosa
2	4.9	3.0	1.4	0.2	setosa
3	4.7	3.2	1.3	0.2	setosa
4	4.6	3.1	1.5	0.2	setosa
5	5.0	3.6	1.4	0.2	setosa
6	5.4	3.9	1.7	0.4	setosa
7	4.6	3.4	1.4	0.3	setosa
8	5.0	3.4	1.5	0.2	setosa
9	4.4	2.9	1.4	0.2	setosa
10	4.9	3.1	1.5	0.1	setosa
11	5.4	3.7	1.5	0.2	setosa
12	4.8	3.4	1.6	0.2	setosa
13	4.8	3.0	1.4	0.1	setosa
14	4.3	3.0	1.1	0.1	setosa
15	5.8	4.0	1.2	0.2	setosa
16	5.7	4.4	1.5	0.4	setosa
17	5.4	3.9	1.3	0.4	setosa
18	5.1	3.5	1.4	0.3	setosa
19	5.7	3.8	1.7	0.3	setosa
20	5.1	3.8	1.5	0.3	setosa

21	5.4	3.4	1.7	0.2	setosa
22	5.1	3.7	1.5	0.4	setosa
23	4.6	3.6	1.0	0.2	setosa
24	5.1	3.3	1.7	0.5	setosa
25	4.8	3.4	1.9	0.2	setosa
26	5.0	3.0	1.6	0.2	setosa
27	5.0	3.4	1.6	0.4	setosa
28	5.2	3.5	1.5	0.2	setosa
29	5.2	3.4	1.4	0.2	setosa
30	4.7	3.2	1.6	0.2	setosa
⋮	⋮	⋮	⋮	⋮	⋮

要計算相關性，我們最常用的就是**皮爾森相關係數（Pearson correlation coefficient）**，計算出來的數值範圍會介於 -1 到 1 之間。如果數值為正，代表兩者有正相關；如果數值為零，代表兩者沒有相關性；如果數值為負，則代表兩者為負相關。計算相關性的公式如下：

$$\rho = \frac{\sum_i (x_i - \bar{x})(y_i - \bar{y})}{\sqrt{\sum_j (x_j - \bar{x})^2}\sqrt{\sum_k (y_k - \bar{y})^2}}$$

我們可以用 cor 進行計算。

```
In  [71]: cor(iris[:PetalLength], iris[:PetalWidth])
Out[71]: 0.962865431402796
```

```
In  [72]: X = Matrix(iris[:, [:PetalLength, :PetalWidth]])
Out[72]: 150×2 Array{Float64,2}:
          1.4 0.2
          1.4 0.2
          1.3 0.2
          1.5 0.2
```

```
1.4 0.2
1.7 0.4
1.4 0.3
1.5 0.2
1.4 0.2
1.5 0.1
1.5 0.2
1.6 0.2
1.4 0.1
 ⋮
4.8 1.8
5.4 2.1
5.6 2.4
5.1 2.3
5.1 1.9
5.9 2.3
5.7 2.5
5.2 2.3
5.0 1.9
5.2 2.0
5.4 2.3
5.1 1.8
```

In [73]:
```
cor(X)
```

```
Out[73]: 2×2 Array{Float64,2}:
         1.0       0.962865
         0.962865  1.0
```

我們還可以計算變量之間的**共變異數**（covariance）或是**共變異數矩陣**（covariance matrix）。

In [74]:
```
cov(iris[:PetalLength], iris[:PetalWidth])
```

```
Out[74]: 1.2956093959731545
```

In [75]:
```
cov(X)
```

```
Out[75]: 2×2 Array{Float64,2}:
         3.11628  1.29561
         1.29561  0.581006
```

mean_and_cov 可以同時計算出期望值與共變異數矩陣。

```
In  [76]: mean_and_cov(X)
Out[76]: ([3.758 1.19933], [3.11628  1.29561;  1.29561 0.581006])
```

我們可以透過 zscore 來將一群資料轉換成 **z 值(z score)**。

```
In  [77]: zscore(iris[:PetalLength])
Out[77]: 150-element Array{Float64,1}:
           -1.33575163424152
           -1.33575163424152
           -1.3923992862449772
           -1.279103982238063
           -1.33575163424152
           -1.1658086782311488
           -1.33575163424152
           -1.279103982238063
           -1.33575163424152
           -1.279103982238063
           -1.279103982238063
           -1.2224563302346056
           -1.33575163424152
            ⋮
           0.5902685338760233
           0.9301544458967665
           1.0434497499036803
           0.7602114898863946
           0.7602114898863946
           1.2133927059140523
           1.100097401907138
           0.8168591418898521
           0.7035638378829376
           0.8168591418898521
           0.9301544458967665
           0.7602114898863946
```

使用 corsperman() 計算 Spearman correlation coefficient,如下。

```
In  [78]: corspearman(iris[:PetalLength], iris[:PetalWidth])
Out[78]: 0.9376668235763412
```

使用 corkendall() 計算 Kendall rank correlation coefficient，如下。

```
In  [79]: corkendall(iris[:PetalLength], iris[:PetalWidth])
Out[79]: 0.8068906859884751
```

3. 探索式資料分析

探索式資料分析（exploratory data analysis）是一個資料分析的手法，主要是利用資料視覺化的方式來理解及描繪資料的輪廓，可能會搭配一些統計方法。透過看到及理解資料來讓人們更了解資料的內涵，而進一步可以產生假說或模型。探索式資料分析方法鼓勵人們探索資料，藉此可以產生新的假說，透過假說的驗證，可以產生進一步蒐集資料或是做新的實驗的決策。

▸ 好圖表的原則

在進入分析案例之前，需要跟大家大致解說一下如何使用圖表。

一張圖表的繪製是對應問題的。圖表呈現的是資料的面貌，而問題是反映人腦中的想像。在繪製一張圖表之前，需要將問題問好、問對，若是沒有問對問題，繪製出來的圖表就沒有辦法正確回答問題。

在繪製圖表之前，深入思索問題是一件重要的事。然而很有可能經過思索後，還是沒辦法想到一個好的圖表呈現方式，這時候就動手將圖表繪製出來吧！經由來回的確認圖表是否能回答問題，以及由問題去產生相對應的圖表，我們可以逐步修正心中想問的問題，以及修正圖表的呈現方式。如此互動的方式可以比較快收斂到一個對的問題，及一個的好的圖表呈現。

很多時候，人們往往希望問一個大問題或是很多問題，然而圖表只能呈現資料的一部分面向。一張圖表只能回答一個問題，而不是很多問題。像是「全球的經濟狀況如何？」這是一個較大的問題，需要有多個圖表來呈現跟評估，不適合以單一的圖表呈現。如果改成問「台灣 1990 年到 2000 年間的 GDP 趨勢為何？」就比較適合以一張線圖做呈現。有時候會需要呈現多個變量，而圖表只能以二維或三維的方式繪製，所以不適合在一張圖表中繪製過多的變量。

以問題去領導探索式資料分析是很重要的，而挑選對的圖表來呈現也是一件重要的事。好的呈現方式勝過糟糕的呈現方式，而糟糕的呈現方式跟沒有呈現是一樣的。好的呈現方式才能有效傳達資料中的資訊與意涵，而糟糕的呈現方式不僅沒辦法傳達資料中的資訊，反而會有誤導讀者的可能。追求好的呈現方式是一件重要的事。

在進行探索式資料分析的過程中，需要逐漸將問題釐清。我們所關心的議題是整體趨勢，或是某些極端狀況；我們關心的是多數常見情況或是少數罕見事件。像是想知道整體的經濟水平就是一個整體、多數的狀況，然而想知道地震的發生就是屬極端狀況或少數，畢竟地震發生的次數比起不發生少非常多。我們關心的問題牽涉到特定知識領域，所以知識領域的專家比較能問出好的問題。我們來看看以下的例子，這是一份空氣品質的資料，當中記錄了臭氧濃度（Ozone）、太陽輻射強度（Solar.R）、風速（Wind）、溫度（Temp）、月份（Month）及日期（Day）。

In [80]:
```
airquality = dataset("datasets", "airquality")
first(airquality, 10)
```

Out[80]: 10 rows × 6 columns

	Ozone Int64	Solar.R Int64	Wind Float64	Temp Int64	Month Int64	Day Int64
1	41	190	7.4	67	5	1
2	36	118	8.0	72	5	2
3	12	149	12.6	74	5	3

4	18	313	11.5	62	5	4
5	missing	missing	14.3	56	5	5
6	28	missing	14.9	66	5	6
7	23	299	8.6	65	5	7
8	19	99	13.8	59	5	8
9	8	19	20.1	61	5	9
10	missing	194	8.6	69	5	10

我們可以用直方圖將臭氧濃度呈現出來，由圖可以發現多數資料記錄的是臭氧濃度低的資訊，而臭氧濃度高的資料是少數。臭氧濃度高會對人體造成傷害，因此我們應該關心那些臭氧濃度高的資料。

In [81]:
```
plot(airquality, x="Ozone", Geom.histogram)
```

Out[81]:

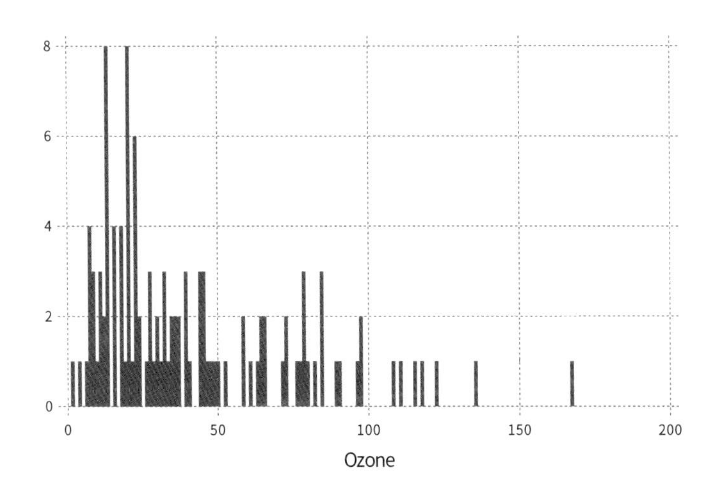

我們確立問題後，要如何呈現好的圖表呢？「呈現圖表」這個問題有一個更進階的領域，稱為資訊設計（information design），是希望將資料或資訊以更好的方式呈現給大家，當中會涉及設計、心理學及統計等專

業領域。不過本書並不會介紹這個領域，只會簡單說明一些基本的原則。我們可以來看以下這份髮色、瞳孔顏色及性別的統計資料。

In [82]:
```
haireyecolor = dataset("datasets", "HairEyeColor")
first(haireyecolor, 10)
```

Out[82]: 10 rows × 4 columns

	Hair	Eye	Sex	Freq
	String	String	String	Int64
1	Black	Brown	Male	32
2	Brown	Brown	Male	53
3	Red	Brown	Male	10
4	Blond	Brown	Male	3
5	Black	Blue	Male	11
6	Brown	Blue	Male	50
7	Red	Blue	Male	10
8	Blond	Blue	Male	30
9	Black	Hazel	Male	10
10	Brown	Hazel	Male	25

利用 by（在第七章節會介紹到）將資料整理成只有髮色的出現頻率，我們可以看到整理後的資料非常單純，一個欄位是髮色，一個欄位是出現的頻率。

In [83]:
```
haircolor = by(haireyecolor, :Hair, Freq=:Freq => sum)
```

Out[83]: 4 rows × 2 columns

	Hair	Freq
	String	Int64
1	Black	108
2	Brown	286
3	Red	71
4	Blond	127

如果想呈現這樣的資料，要用什麼樣的圖表呈現呢？通常有兩個選擇，一個是條狀圖，另一個是圓餅圖。我們先來看看下方的條狀圖，可以看到條狀圖的呈現，會將頻率呈現在 y 軸上。由圖可知 Brown 的數量大致是 300，Black 大約是 100，並可以大致比較出不同髮色之間的人數多寡與倍數，像是 Brown 的人數約是 Black 人數的三倍。

In [84]:
```
plot(haircolor, x="Hair", y="Freq", color="Hair", Geom.bar)
```
Out[84]:

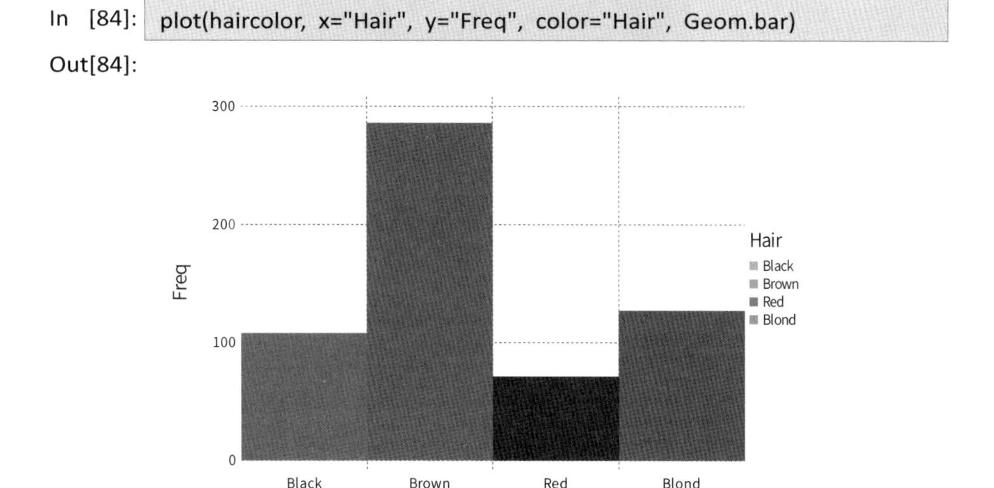

如果是以圓餅圖呈現，則可以看到不同髮色之間人數的比例關係。我們可以看到 Brown 的人數占了所有資料約一半左右，不過我們不會知道各類別的人數是多少。選擇不同圖表呈現有各自的目的，選擇錯誤的圖表會得到不符合目的的呈現，也不會看到想看的資訊，所以挑選圖表呈現很重要。

In [85]:
```
using Plots
gr()
pie(haircolor[:Hair], haircolor[:Freq])
```
```
WARNING: using Plots.plot in module Main conflicts with an existing identifier.
```

Out[85]:

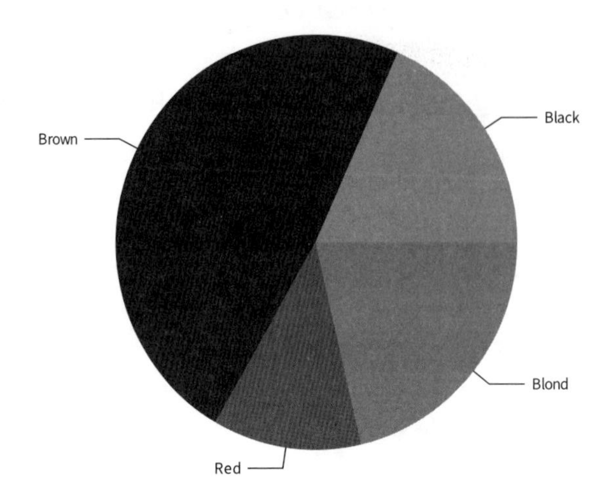

最後，我們來看一份總體經濟的資料，當中記錄著美國不同年份的受雇者人數及 GNP 資料。

In [86]:
```
longley = dataset("datasets", "longley")
first(longley, 10)
```

Out[86]: 10 rows × 8 columns

	Year	GNPDeflator	GNP	Unemployed	ArmedForces	Population	Year_1	Employ
	Int64	Float64	Float64	Float64	Float64	Float64	Int64	Float64
1	1947	83.0	234.289	235.6	159.0	107.608	1947	60.3
2	1948	88.5	259.426	232.5	145.6	108.632	1948	61.1
3	1949	88.2	258.054	368.2	161.6	109.773	1949	60.1
4	1950	89.5	284.599	335.1	165.0	110.929	1950	61.1
5	1951	96.2	328.975	209.9	309.9	112.075	1951	63.2
6	1952	98.1	346.999	193.2	359.4	113.27	1952	63.6
7	1953	99.0	365.385	187.0	354.7	115.094	1953	64.9
8	1954	100.0	363.112	357.8	335.0	116.219	1954	63.7
9	1955	101.2	397.469	290.4	304.8	117.388	1955	66.0
10	1956	104.6	419.18	282.2	285.7	118.734	1956	67.8

如果想知道隨著年份的增加，受雇者人數的變化為何？這要看的是一個大致的趨勢。我們一般會以折線圖的方式呈現，如以下的樣貌。我們可以很明顯看到隨著年份的增加，受雇者人數亦隨之增加的趨勢。如果換成其他的圖呢？

In [87]:
```
plot(longley, x="Year", y="Employed", Geom.line)
```
Out[87]:

如果以條狀圖來呈現同樣的資料，就不容易從中發現趨勢。當然仍然可以看到有增加的現象，不過當 y 軸數值較大的時候，差異不容易被看出來。

In [88]:
```
plot(longley, x="Year", y="Employed", Geom.bar)
```
Out[88]:

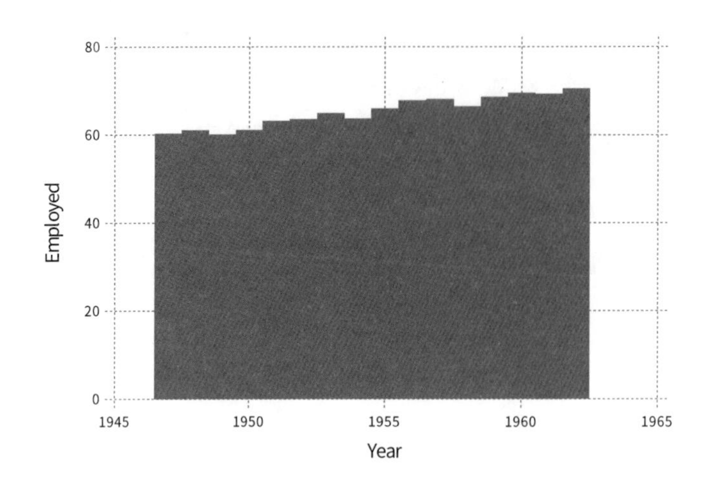

▶ 分析案例

接下來利用一個分析案例來示範探索式資料分析。我們仍然延續使用美國總體經濟的資料，其中欄位有國民生產毛額平減指數（GNPDeflator，以 1954 年為 100）、國民生產毛額（Gross National Product，GNP）、未受雇人口（Unemployed）、從軍人口（ArmedForces）、勞動人口（Population）、年份（Year）及受雇人口（Employed）。

In [89]:
```
longley = dataset("datasets", "longley")
first(longley, 15)
```

Out[89]: 15 rows × 8 columns

	Year	GNPDeflator	GNP	Unemployed	ArmedForces	Population	Year_1	Employ
	Int64	Float64	Float64	Float64	Float64	Float64	Int64	Float64
1	1947	83.0	234.289	235.6	159.0	107.608	1947	60.3
2	1948	88.5	259.426	232.5	145.6	108.632	1948	61.1
3	1949	88.2	258.054	368.2	161.6	109.773	1949	60.1
4	1950	89.5	284.599	335.1	165.0	110.929	1950	61.1
5	1951	96.2	328.975	209.9	309.9	112.075	1951	63.2
6	1952	98.1	346.999	193.2	359.4	113.27	1952	63.6

7	1953	99.0	365.385	187.0	354.7	115.094	1953	64.9
8	1954	100.0	363.112	357.8	335.0	116.219	1954	63.7
9	1955	101.2	397.469	290.4	304.8	117.388	1955	66.0
10	1956	104.6	419.18	282.2	285.7	118.734	1956	67.8
11	1957	108.4	442.769	293.6	279.8	120.445	1957	68.1
12	1958	110.8	444.546	468.1	263.7	121.95	1958	66.5
13	1959	112.6	482.704	381.3	255.2	123.366	1959	68.6
14	1960	114.2	502.601	393.1	251.4	125.368	1960	69.5
15	1961	115.7	518.173	480.6	257.2	127.852	1961	69.3

我們已經知道受雇人口逐年增加，那麼國民生產毛額是否也會增加呢？

In [90]:
```
plot(longley, x="Year", y="GNP", Geom.line)
```
Out[90]:

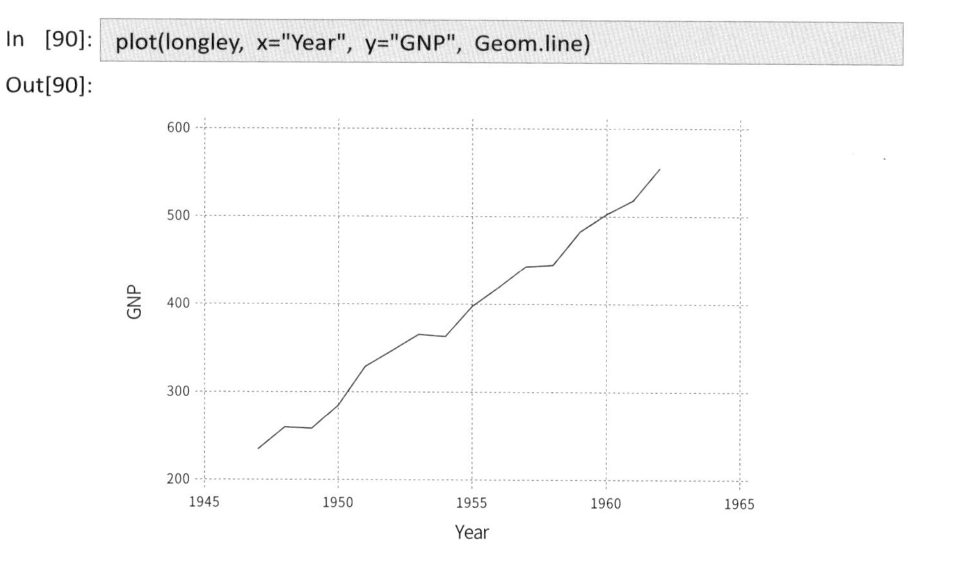

由上圖可以看到果然國民生產毛額是逐年增加的。那麼另一方面，未受雇人口有沒有逐年增加呢？

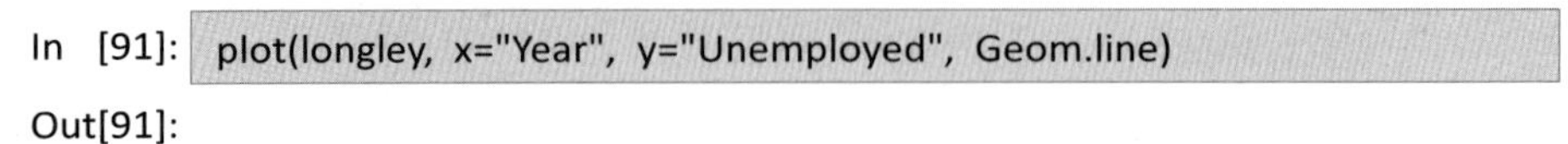

In [91]:
```
plot(longley, x="Year", y="Unemployed", Geom.line)
```
Out[91]:

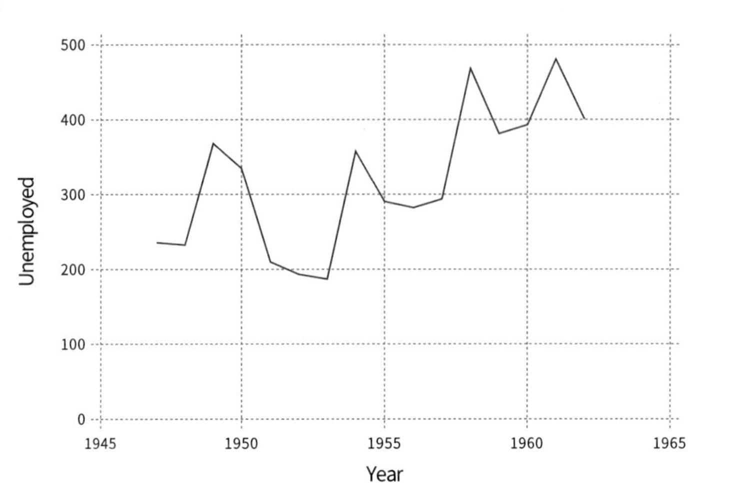

我們可以看到未受雇人口並沒有明顯逐年增加的趨勢，不過在約莫1955年之後有躍升的現象。那麼看看總勞動力人口的狀況。

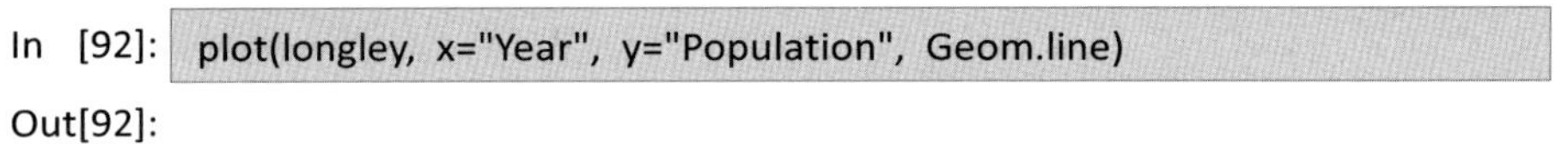

In [92]:
```
plot(longley, x="Year", y="Population", Geom.line)
```
Out[92]:

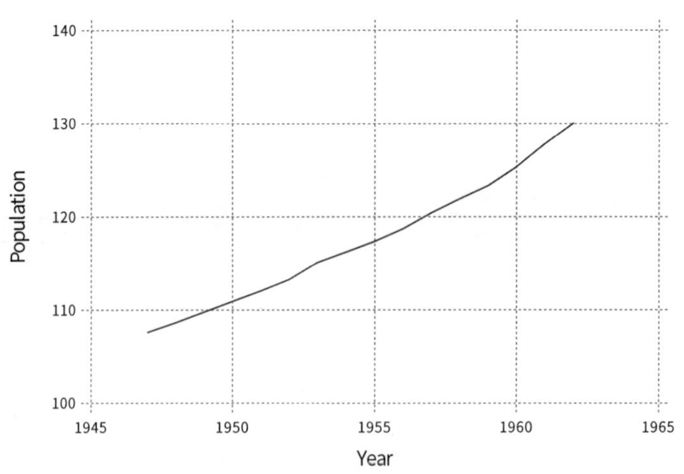

總勞動力人口有平穩地逐年上升的現象。現在我們知道總勞動力人口、受雇人口和國民生產毛額都有逐年增加的趨勢，而未受雇人口沒有。那麼，受雇人口跟國民生產毛額之間應該有相關性，我們可以來確認一下這兩者的相關性。

In [93]:
```
plot(longley, x="Employed", y="GNP", Geom.point)
```
Out[93]:

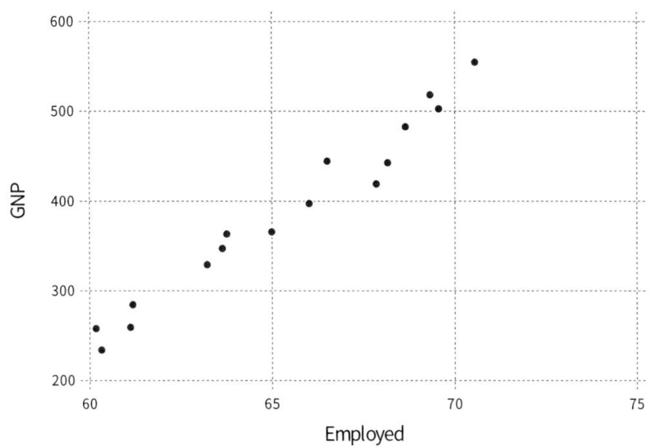

我們可以看到受雇人口跟國民生產毛額之間有線性的相關性，隨著受雇人口的增加，國民生產毛額是上升的。那麼，總勞動力人口是不是也是這樣呢？

In [94]:
```
plot(longley, x="Population", y="GNP", Geom.point)
```
Out[94]:

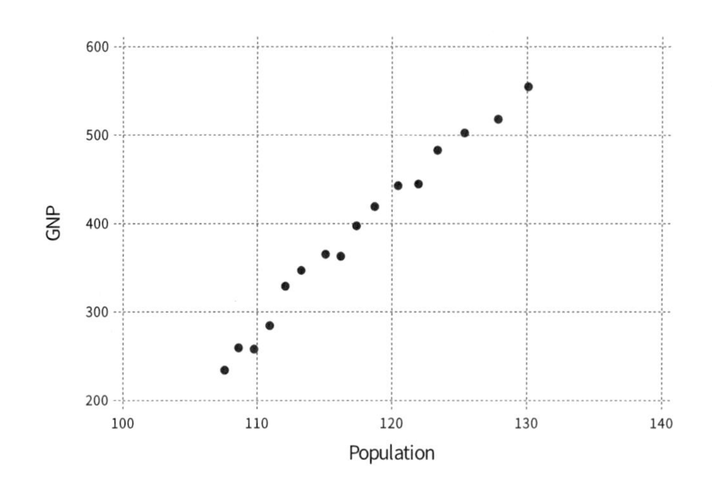

總勞動力人口與國民生產毛額有更明顯的線性關係。我們反過來看看未受雇人口與國民生產毛額之間的關係。

In [95]:

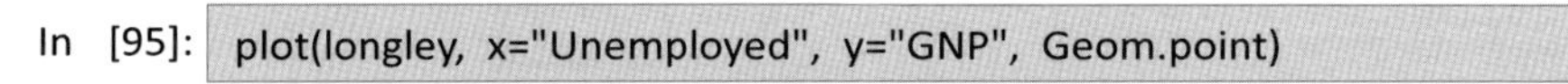

```
plot(longley, x="Unemployed", y="GNP", Geom.point)
```

Out[95]:

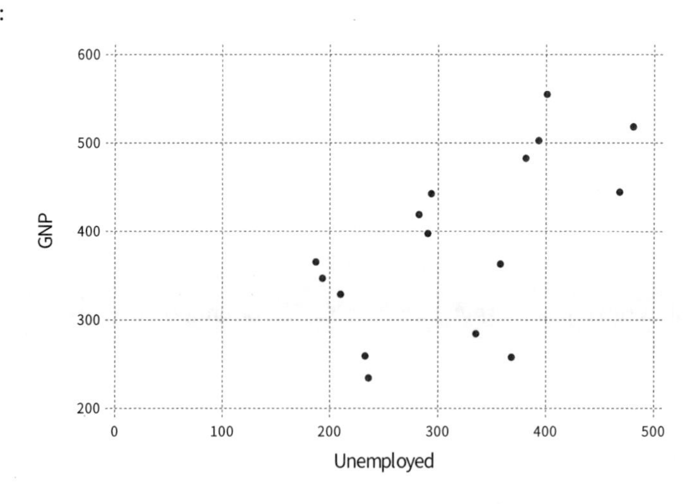

資料點是散狀的，並沒有排列成特定的形狀，表示兩者之間沒有關係。如此一來，我們就可以從資料中整理出以下資訊：

1. 總勞動力人口、受雇人口跟國民生產毛額都有逐年增加的趨勢。
2. 未受雇人口沒有逐年增加。
3. 受雇人口跟國民生產毛額之間有線性關係。
4. 總勞動力人口與國民生產毛額有明顯的線性關係。
5. 未受雇人口與國民生產毛額之間沒有關係。

藉由探索式資料分析，我們可以找出一些有價值的訊息，讓這些訊息挹注到科學研究或是商業應用上。

PART 2

從資料到模型

07

進一步的資料處理

1. **進階 DataFrame 處理**
   - DataFrame 的操作
   - 拆分 - 應用 - 合併策略
   - 資料的 Join
   - DataFrame 的變形與分析
2. **資料清理**
   - missing 的處理
   - missing 的特性
   - 填值
   - 重複資料的處理
3. **特徵轉換與特徵工程**
   - 距離
   - 特徵縮放
   - 特徵轉換

1. 進階 DataFrame 處理

我們在前面的章節中介紹了基本的 DataFrame 操作，接下來會介紹一些進階的 DataFrame 操作。像是將 DataFrame 更改欄位名稱、插入及刪除行或列。我們會介紹比較高階的拆分 - 應用 - 合併策略、類似資料庫的 JOIN 操作，以及 DataFrame 的變形。

▸ DataFrame 的操作

這邊會介紹幾個進階的 DataFrame 操作。

In [1]:
```
using DataFrames
df = DataFrame(A=["A", "A", "B", missing, "C", "B", "A"],
               B=[2, 3, 1, 2, 3, 3, 2],
               C=["F", "F", "M", "F", "M", "M", "M"],
               D=[2.1, 52.3, 4.0, 1.6, 5.1, 9.2, 8.7])
```

Out[1]: 7 rows × 4 columns

	A	B	C	D
	String	Int64	String	Float64
1	A	2	F	2.1
2	A	3	F	52.3
3	B	1	M	4.0
4	missing	2	F	1.6
5	C	3	M	5.1
6	B	3	M	9.2
7	A	2	M	8.7

用 names 來取得 DataFrame 的所有欄位名稱，如下。

In [2]:
```
names(df)
```

Out[2]: 4-element Array{Symbol,1}:
```
 :A
 :B
 :C
 :D
```

用 eltypes 來取得 DataFrame 的欄位元素型別，如下。

In [3]:
```
eltypes(df)
```

Out[3]: 4-element Array{Type,1}:
```
Union{Missing, String}
Int64
String
Float64
```

用 rename! 來替欄位重新命名，第二個參數之後是將舊的欄位名稱替換成新的欄位名稱，如下。

In [4]:
```
rename!(df, :D => :E)
```

Out[4]: 7 rows × 4 columns

	A	B	C	E
	String	**Int64**	**String**	**Float64**
1	A	2	F	2.1
2	A	3	F	52.3
3	B	1	M	4.0
4	missing	2	F	1.6
5	C	3	M	5.1
6	B	3	M	9.2
7	A	2	M	8.7

用 names! 重新指定所有的欄位名稱，如下。

In [5]:
```
names!(df, [:A, :B, :C, :D])
```

Out[5]: 7 rows × 4 columns

	A	B	C	D
	String	**Int64**	**String**	**Float64**
1	A	2	F	2.1
2	A	3	F	52.3
3	B	1	M	4.0

4	missing	2	F	1.6
5	C	3	M	5.1
6	B	3	M	9.2
7	A	2	M	8.7

用 insertcols! 來插入欄位到指定索引的位置，如下。

In [6]:
```
insertcols!(df, 2, E=1:7)
```
Out[6]: 7 rows × 5 columns

	A	E	B	C	D
	String	**Int64**	**Int64**	**String**	**Float64**
1	A	1	2	F	2.1
2	A	2	3	F	52.3
3	B	3	1	M	4.0
4	missing	4	2	F	1.6
5	C	5	3	M	5.1
6	B	6	3	M	9.2
7	A	7	2	M	8.7

用 deletecols! 來刪除指定索引的欄位，如下。

In [7]::
```
deletecols!(df, 2)
```
Out[7]: 7 rows × 4 columns

	A	B	C	D
	String	**Int64**	**String**	**Float64**
1	A	2	F	2.1
2	A	3	F	52.3
3	B	1	M	4.0
4	missing	2	F	1.6
5	C	3	M	5.1
6	B	3	M	9.2
7	A	2	M	8.7

用 deleterows! 來刪除指定索引的列，如下。

In [8]:
```
deleterows!(df, 1)
```

Out[8]: 6 rows × 4 columns

	A	B	C	D
	String	Int64	String	Float64
1	A	3	F	52.3
2	B	1	M	4.0
3	missing	2	F	1.6
4	C	3	M	5.1
5	B	3	M	9.2
6	A	2	M	8.7

eachrow 可以迭代 DataFrame 的每一列，並且搭配迴圈或是其他功能使用。

In [9]:
```
for row in eachrow(df)
    println(row)
end
```

DataFrameRow

Row	A	B	C	D
	String	Int64	String	Float64
1	A	3	F	52.3

DataFrameRow

Row	A	B	C	D
	String	Int64	String	Float64
2	B	1	M	4.0

DataFrameRow

Row	A	B	C	D
	String	Int64	String	Float64
3	missing	2	F	1.6

DataFrameRow

Row	A	B	C	D
	String	Int64	String	Float64
4	C	3	M	5.1

DataFrameRow

Row	A	B	C	D
	String	Int64	String	Float64
5	B	3	M	9.2

DataFrameRow

Row	A	B	C	D
	String	Int64	String	Float64
6	A	2	M	8.7

eachcol 可以迭代 DataFrame 的每一行，並且搭配迴圈或是其他功能使用。

In [10]:
```
for col in eachcol(df)
    println(col)
end
```

```
Union{Missing, String}["A", "B", missing, "C", "B", "A"]
[3, 1, 2, 3, 3, 2]
["F", "M", "F", "M", "M", "M"]
[52.3, 4.0, 1.6, 5.1, 9.2, 8.7]
```

filter 會根據第一個參數給定的函式，過濾掉不符合條件的資料。

In [11]:
```
filter(row -> row[:B] == 3, df)
```

Out[11]: 3 rows × 4 columns

	A	B	C	D
	String	Int64	String	Float64
1	A	3	F	52.3
2	C	3	M	5.1
3	B	3	M	9.2

filter! 跟 filter 有雷同的功能，但 filter! 會直接更改 df。

In [12]:
```
filter!(row -> row[:B] == 3, df)
```

Out[12]: 3 rows × 4 columns

	A	B	C	D
	String	Int64	String	Float64
1	A	3	F	52.3
2	C	3	M	5.1
3	B	3	M	9.2

mapcols 可以將 df 的每一行都輸入第一個參數所給定的函式。

In [13]:
```
mapcols(col -> col.^2, df)
```

Out[13]: 3 rows × 4 columns

	A	B	C	D
	String	Int64	String	Float64
1	AA	9	FF	2735.29
2	CC	9	MM	26.01
3	BB	9	MM	84.64

▸ 拆分—應用—合併策略

拆分—應用—合併（split-apply-combine）策略是在資料分析上很常用的手法，也算是一種進階的技巧。它主要由三個步驟構成：

1. 拆分：將資料依據指定欄位分成數個群組。
2. 應用：針對不同群組計算**彙總函式（aggregate function）**。
3. 合併：將計算後的結果重新合併。

In [14]:
```
using RDatasets, StatsBase
iris = dataset("datasets", "iris")
first(iris, 10)
```

Out[14]: 10 rows × 5 columns

	SepalLength	SepalWidth	PetalLength	PetalWidth	Species
	Float64	Float64	Float64	Float64	Categorical···
1	5.1	3.5	1.4	0.2	setosa
2	4.9	3.0	1.4	0.2	setosa
3	4.7	3.2	1.3	0.2	setosa
4	4.6	3.1	1.5	0.2	setosa
5	5.0	3.6	1.4	0.2	setosa
6	5.4	3.9	1.7	0.4	setosa
7	4.6	3.4	1.4	0.3	setosa
8	5.0	3.4	1.5	0.2	setosa
9	4.4	2.9	1.4	0.2	setosa
10	4.9	3.1	1.5	0.1	setosa

by 函式可以一次做到拆分－應用－合併，第一個參數指定要處理的 DataFrame，第二個參數指定要拆分成群組的欄位，第三個參數則是指定要計算的欄位及函式。

In [15]:
```
by(iris, :Species, :PetalLength => mean)
```

Out[15]: 3 rows × 2 columns

	Species	PetalLength_mean
	Categorical...	Float64
1	setosa	1.462
2	versicolor	4.26
3	virginica	5.552

如果需要為新的欄位定新的名字，只要在 :PetalLength => mean 前方指定新的欄位名稱即可。

In [16]:
```
by(iris, :Species, MeanPetalLength = :PetalLength => mean)
```

Out[16]: 3 rows × 2 columns

	Species	MeanPetalLength
	Categorical...	Float64
1	setosa	1.462
2	versicolor	4.26
3	virginica	5.552

by 可以一次處理多個欄位及彙總函式。

In [17]:
```
by(iris, :Species, N = :Species => length, MeanPetalLength =
:PetalLength => mean)
```

Out[17]: 3 rows × 3 columns

	Species	N	MeanPetalLength
	Categorical...	Int64	Float64
1	setosa	50	1.462
2	versicolor	50	4.26
3	virginica	50	5.552

想要細緻處理的話可以用 do 區塊，df 則是拆分過後的一個 DataFrame，在區塊中處理後，最後需要回傳欄位及其對應的值。

In [18]:
```
by(iris, :Species) do df
    (m = mean(df[:PetalLength]), s = sum(df[:PetalLength]))
end
```

Out[18]: 3 rows × 3 columns

	Species	m	s
	Categorical...	Float64	Float64
1	setosa	1.462	73.1
2	versicolor	4.26	213.0
3	virginica	5.552	277.6

aggregate 跟 by 有類似的功能，但是它會對所有欄位計算相同的函式。

In [19]:
```
aggregate(iris, :Species, length)
```

Out[19]: 3 rows × 5 columns

	Species	SepalLength_length	SepalWidth_length	PetalLength_length
	Categorical…	Int64	Int64	Int64
1	setosa	50	50	50
2	versicolor	50	50	50
3	virginica	50	50	50

aggregate 可以指定兩個以上的函式。

In [20]:
```
aggregate(iris, :Species, [sum, mean])
```

Out[20]: 3 rows × 9 columns (omitted printing of 4 columns)

	Species	SepalLength_sum	SepalWidth_sum	PetalLength_sum	PetalLength_sum
	Categorical…	Float64	Float64	Float64	Float64
1	setosa	250.3	171.4	73.1	12.3
2	versicolor	296.8	138.5	213.0	66.3
3	virginica	329.4	148.7	277.6	101.3

groupby 只會做拆分的動作，它會將一個 DataFrame 根據指定的欄位拆分後，每次迭代會拋出一個拆分後的 DataFrame subdf。

In [21]:
```
for subdf in groupby(iris,    :Species)
    println(size(subdf, 1))
end
```

Out[21]:
```
50
50
50
```

▶ 資料的 Join

如果我們在不同的資料表格上記錄不同的資料，依照資料上的編號或是 ID 作為連接表格之間的關係。Join 操作可以將兩張資料表格的關係對應起來。以下示範兩個 DataFrame 的 join 操作。

In [22]:
```
people = DataFrame(ID=[1, 2, 4], Name=["Amy Doe", "Jenny Doe", "Ken Doe"])
```

Out[22]: 3 rows × 2 columns

	ID	Name
	Int64	String
1	1	Amy Doe
2	2	Jenny Doe
3	4	Ken Doe

In [23]::
```
jobs = DataFrame(ID=[2, 3, 4], Job=["Lawyer", "Teacher", "Doctor"])
```

Out[23]: 3 rows × 2 columns

	ID	Job
	Int64	String
1	2	Lawyer
2	3	Teacher
3	4	Doctor

我們可以看到 people 跟 jobs 都有 ID 欄位，如果要讓兩個 DataFrame 根據這個欄位將資料一一對應起來，可以用 join 函式，前兩個參數是要 join 的兩個 DataFrame，on 參數則是要對應的欄位。

In [24]:
```
join(people, jobs, on = :ID)
```

Out[24]: 2 rows × 3 columns

	ID	Name	Job
	Int64	String	String
1	2	Jenny Doe	Lawyer
2	4	Ken Doe	Doctor

發現兩個 DataFrame 中並不是所有資料都被對應到，在預設的模式當中，沒有被對應到的資料不會存在。只有兩個 DataFrame 都有對應到的資料才會被計算，這樣的 join 稱為 inner join。

kind 參數則是選擇不同的方式來連接 DataFrame，left 是指用 left join 來連接 DataFrame。Left join 會保留左邊的 DataFrame（第一個參數的 DataFrame，people），沒對應到的資料會填入 missing。

In [25]:
```
join(people, jobs, on = :ID, kind = :left)
```
Out[25]: 3 rows × 3 columns

	ID Int64	Name String	Job String
1	1	Amy Doe	missing
2	2	Jenny Doe	Lawyer
3	4	Ken Doe	Doctor

right 是指用 right join 來連接 DataFrame。Right join 會保留右邊的 DataFrame（第二個參數的 DataFrame，jobs），沒對應到的資料會填入 missing。

In [26]::
```
join(people, jobs, on = :ID, kind = :right)
```
Out[26]: 3 rows × 3 columns

	ID Int64	Name String	Job String
1	2	Jenny Doe	Lawyer
2	4	Ken Doe	Doctor
3	3	missing	Teacher

outer 是指用 outer join 來連接 DataFrame。Outer join 會保留所有的 DataFrame 資料，沒對應到資料則會填入 missing。

In [27]::
```
join(people, jobs, on = :ID, kind = :outer)
```

Out[27]: 4 rows × 3 columns

	ID	Name	Job
	Int64	String	String
1	1	Amy Doe	missing
2	2	Jenny Doe	Lawyer
3	4	Ken Doe	Doctor
4	3	missing	Teacher

▸ DataFrame 的變形與分析

DataFrame 可以藉由一些變形來進行運算，而這些變形可作為資料分析的操作過程。

[df1; df2] 可以將兩個 DataFrame 如同 vcat 一般垂直地併起來，此時要注意資料的列數須一致。

In [28]:
```
df1 = DataFrame(A=1:5, B=6:10)
df2 = DataFrame(A=11:15, B=16:20)
[df1; df2]
```

Out[28]: 10 rows × 2 columns

	A	B
	Int64	Int64
1	1	6
2	2	7
3	3	8
4	4	9
5	5	10
6	11	16
7	12	17
8	13	18
9	14	19
10	15	20

[df1 df2] 可以將兩個 DataFrame 如同 hcat 一般水平地併起來。要注意不能有重複的欄位。

In [29]:
```
df1 = DataFrame(A=1:5, B=6:10)
df2 = DataFrame(C=11:15, D=16:20)
[df1 df2]
```

Out[29]: 5 rows × 4 columns

	A	B	C	D
	Int64	Int64	Int64	Int64
1	1	6	11	16
2	2	7	12	17
3	3	8	13	18
4	4	9	14	19
5	5	10	15	20

在資料的表示中，有分為**寬表格（wide format）**與**長表格（long format）**兩種方式。一般我們在 DataFrame 看到的表示方式是寬表格。我們可以利用 stack 函式來將寬表格轉成長表格。stack 函式的第一個參數是要轉換的 DataFrame，第二個參數則需指定要轉換的欄位。

In [30]:
```
stack(iris, 1:4)
```

Out[30]: 600 rows × 3 columns

	variable	value	Species
	symbol	Float64	Categorical
1	SepalLength	5.1	setosa
2	SepalLength	4.9	setosa
3	SepalLength	4.7	setosa
4	SepalLength	4.6	setosa
5	SepalLength	5.0	setosa
6	SepalLength	5.4	setosa

7	SepalLength	4.6	setosa
8	SepalLength	5.0	setosa
9	SepalLength	4.4	setosa
10	SepalLength	4.9	setosa
11	SepalLength	5.4	setosa
12	SepalLength	4.8	setosa
13	SepalLength	4.8	setosa
14	SepalLength	4.3	setosa
15	SepalLength	5.8	setosa
16	SepalLength	5.7	setosa
17	SepalLength	5.4	setosa
18	SepalLength	5.1	setosa
19	SepalLength	5.7	setosa
20	SepalLength	5.1	setosa
21	SepalLength	5.4	setosa
22	SepalLength	5.1	setosa
23	SepalLength	4.6	setosa
24	SepalLength	5.1	setosa
25	SepalLength	4.8	setosa
26	SepalLength	5.0	setosa
27	SepalLength	5.0	setosa
28	SepalLength	5.2	setosa
29	SepalLength	5.2	setosa
30	SepalLength	4.7	setosa
⋮	⋮	⋮	⋮

轉換成長表格的形式後，會得到欄位跟值的表示方式，沒有被轉換的欄位會保持原樣，但資料筆數會變多。

如果使用三個參數的 stack 方法，第三個參數則是不轉換的欄位。沒有被放在第二或第三個參數的欄位則會被捨棄。

In [31]:
```
stack( iris, [ :SepalLength, : SepalWidth], : Species)
```

Out[31]: 300 rows × 3 columns

	variable	value	Species
	symbol	Float64	Categorical
1	SepalLength	5.1	setosa
2	SepalLength	4.9	setosa
3	SepalLength	4.7	setosa
4	SepalLength	4.6	setosa
5	SepalLength	5.0	setosa
6	SepalLength	5.4	setosa
7	SepalLength	4.6	setosa
8	SepalLength	5.0	setosa
9	SepalLength	4.4	setosa
10	SepalLength	4.9	setosa
11	SepalLength	5.4	setosa
12	SepalLength	4.8	setosa
13	SepalLength	4.8	setosa
14	SepalLength	4.3	setosa
15	SepalLength	5.8	setosa
16	SepalLength	5.7	setosa
17	SepalLength	5.4	setosa
18	SepalLength	5.1	setosa
19	SepalLength	5.7	setosa
20	SepalLength	5.1	setosa
21	SepalLength	5.4	setosa
22	SepalLength	5.1	setosa
23	SepalLength	4.6	setosa
24	SepalLength	5.1	setosa
25	SepalLength	4.8	setosa
26	SepalLength	5.0	setosa
27	SepalLength	5.0	setosa

28	SepalLength	5.2	setosa
29	SepalLength	5.2	setosa
30	SepalLength	4.7	setosa
⋮	⋮	⋮	⋮

melt 函式跟 stack 類似的作用，但 melt 指定的第二個參數是不轉換的欄位，剩下的欄位都會被轉換。

In [32]:
```
me1t (ir is, : Species)
```

Out[32]: 600 rows × 3 columns

	variable symbol	value Float64	Species Categorical
1	SepalLength	5.1	setosa
2	SepalLength	4.9	setosa
3	SepalLength	4.7	setosa
4	SepalLength	4.6	setosa
5	SepalLength	5.0	setosa
6	SepalLength	5.4	setosa
7	SepalLength	4.6	setosa
8	SepalLength	5.0	setosa
9	SepalLength	4.4	setosa
10	SepalLength	4.9	setosa
11	SepalLength	5.4	setosa
12	SepalLength	4.8	setosa
13	SepalLength	4.8	setosa
14	SepalLength	4.3	setosa
15	SepalLength	5.8	setosa
16	SepalLength	5.7	setosa
17	SepalLength	5.4	setosa
18	SepalLength	5.1	setosa
19	SepalLength	5.7	setosa
20	SepalLength	5.1	setosa

21	SepalLength	5.4	setosa
22	SepalLength	5.1	setosa
23	SepalLength	4.6	setosa
24	SepalLength	5.1	setosa
25	SepalLength	4.8	setosa
26	SepalLength	5.0	setosa
27	SepalLength	5.0	setosa
28	SepalLength	5.2	setosa
29	SepalLength	5.2	setosa
30	SepalLength	4.7	setosa
⋮	⋮	⋮	⋮

如果要將長表格轉成寬表格，可以使用 unstack，它有跟 stack 相反的操作。在以下示範中，我們先給予資料 :id 作為編號。

In [33]:
```
iris[:id] = 1:nrow(iris)
longdf = melt(iris, [:Species, :id]);
```

使用 unstack 將長表格轉換成寬表格時，給定的參數不同。第一個參數是指定的 DataFrame，第二個參數則是資料的編號或是 id，這個欄位是要指示同一個編號的資料是同一筆，第三跟第四個參數分別是變量及相對應的值的欄位。

In [34]:
```
widedf = unstack (longdf， :id， :variable， :value)
```

Out[34]: 150 rows × 5 columns

	id	PetalLength	PetalWidth	SepalLengthe	SepalWidth
	Int64	Float64	Float64	Float64	Float64
1	1	1.4	0.2	5.1	3.5
2	2	1.4	0.2	4.9	3.0
3	3	1.3	0.2	4.7	3.2

4	4	1.5	0.2	4.6	3.1
5	5	1.4	0.2	5.0	3.6
6	6	1.7	0.4	5.4	3.9
7	7	1.4	0.3	4.6	3.4
8	8	1.5	0.2	5.0	3.4
9	9	1.4	0.2	4.4	2.9
10	10	1.5	0.1	4.9	3.1
11	11	1.5	0.2	5.4	3.7
12	12	1.6	0.2	4.8	3.4
13	13	1.4	0.1	4.8	3.0
14	14	1.1	0.1	4.3	3.0
15	15	1.2	0.2	5.8	4.0
16	16	1.5	0.4	5.7	4.4
17	17	1.3	0.4	5.4	3.9
18	18	1.4	0.3	5.1	3.5
19	19	1.7	0.3	5.7	3.8
20	20	1.5	0.3	5.1	3.8
21	21	1.7	0.2	5.4	3.4
22	22	1.5	0.4	5.1	3.7
23	23	1.0	0.2	4.6	3.6
24	24	1.7	0.5	5.1	3.3
25	25	1.9	0.2	4.8	3.4
26	26	1.6	0.2	5.0	3.0
27	27	1.6	0.4	5.0	3.4
28	28	1.5	0.2	5.2	3.5
29	29	1.4	0.2	5.2	3.4
30	30	1.6	0.2	4.7	3.2
⋮	⋮	⋮	⋮	⋮	⋮

範例

這邊假設一個情境。我們想知道鳶尾花三個品種中，花瓣跟花萼的長寬的平均值及標準差各是多少？這邊我們會使用到 stack 跟 unstack 的技巧來讓 DataFrame 變形，並且結合拆分－應用－組合的策略。

In [35]:
```
iris = dataset("datasets", "iris")
first(iris, 10)
```

Out[35]:10 rows × 5 columns

	SepalLength	SepalWidth	PetalLength	PetalWidth	Species
	Float64	Float64	Float64	Float64	Categorical…
1	5.1	3.5	1.4	0.2	setosa
2	4.9	3.0	1.4	0.2	setosa
3	4.7	3.2	1.3	0.2	setosa
4	4.6	3.1	1.5	0.2	setosa
5	5.0	3.6	1.4	0.2	setosa
6	5.4	3.9	1.7	0.4	setosa
7	4.6	3.4	1.4	0.3	setosa
8	5.0	3.4	1.5	0.2	setosa
9	4.4	2.9	1.4	0.2	setosa
10	4.9	3.1	1.5	0.1	setosa

我們要計算四個不同的測量值的統計量，所以先將這四個測量值轉成長表格的形式。

In [36]:
```
df = stack(iris, [:SepalLength, :SepalWidth, :PetalLength, :PetalWidth])
first(df, 10)
```

Out[36]: 10 rows × 3 columns

	variable	value	Species
	symbol	Float64	Categorical
1	SepalLength	5.1	setosa
2	SepalLength	4.9	setosa

3	SepalLength	4.7	setosa
4	SepalLength	4.6	setosa
5	SepalLength	5.0	setosa
6	SepalLength	5.4	setosa
7	SepalLength	4.6	setosa
8	SepalLength	5.0	setosa
9	SepalLength	4.4	setosa
10	SepalLength	4.9	setosa

接著，我們對 :variable 及 :Species 欄位進行分組，並計算統計量，這邊使用 by 函式處理。我們會得到平均值與標準差的欄位。

In [37]:
```
using StatsBase
df = by(df, [:variable, :Species]) do d
    (μ = mean(d.value), σ = StatsBase.std(d.value))
end
```

Out[37]: 12 rows × 4 columns

	variable	Species	μ	σ
	symbol	Categorical...	Float64	Float64
1	SepalLength	setosa	5.006	0.35249
2	SepalLength	versicolor	5.936	0.516171
3	SepalLength	virginica	6.588	0.63588
4	SepalWidth	setosa	3.428	0.379064
5	SepalWidth	versicolor	2.77	0.313798
6	SepalWidth	virginica	2.974	0.322497
7	PetalLength	setosa	1.462	0.173664
8	PetalLength	versicolor	4.26	0.469911
9	PetalLength	virginica	5.552	0.551895
10	PetalWidth	setosa	0.246	0.105386
11	PetalWidth	versicolor	1.326	0.197753
12	PetalWidth	virginica	2.026	0.27465

如果將平均值的欄位由長表格轉成寬表格，就可以清楚地看到不同花的品種對上不同的測量值的平均值。

In [38]:
```
unstack(df[1:3], :variable, :μ)
```

Out[38]: 3 rows × 5 columns

	Specie	PetalLength	PetalLength	SepalLength	SepalLength
	Categorical…	Float64	Float64	Float64	Float64
1	setosa	1.462	0.246	5.006	3.428
2	versicolor	4.26	1.326	5.936	2.77
3	virginica	5.552	2.026	6.588	2.974

如果我們將標準差的欄位由長表格轉成寬表格，就可以清楚地看到不同花的品種對上不同的測量值的標準差。

In [39]:
```
unstack(df[[1, 2, 4]], :variable, :σ)
```

Out[39]: 3 rows × 5 columns

	Specie	PetalLength	PetalLength	SepalLength	SepalLength
	Categorical…	Float64	Float64	Float64	Float64
1	setosa	0.173664	0.105386	0.35249	0.379064
2	versicolor	0.469911	0.197753	0.516171	0.313798
3	virginica	0.551895	0.27465	0.63588	0.322497

2. 資料清理

資料中很常出現遺失值，遺失值的處理是影響後續資料分析的重要步驟，處理遺失值有各種不同的方法。資料中也常出現雷同或是重複的資料，如果要將重複的資料挑出來或是移除，要怎麼用程式語言處理？一般遺失值的處理無非兩個方式，一個是把該筆資料丟棄不用，另一個作法就是設法**填補**（**imputation**）資料。由於填補資料的方法相當多樣，本書將不特別介紹。

▸ missing 的處理

missing 是在官方的標準函式庫中內建的物件，它是用來代表遺失值的。在 DataFrame 中可以看到含有遺失值會如何表示。

In [40]:
```
using DataFrames
```

In [41]:
```
df = DataFrame(A=[1, 2, missing, 4, missing], B=[missing, 2.5, 3.3, 4.0, 1.0])
```

Out[41]: 5 rows × 2 columns

	A	B
	Int64	Float64
1	1	missing
2	2	2.5
3	missing	3.3
4	4	4.0
5	missing	1.0

使用 dropmissing 來將 df 中的所有含有 missing 的資料都丟棄。

In [42]:
```
dropmissing(df)
```

Out[42]: 2 rows × 2 columns

	A	B
	Int64	Float64
1	2	2.5
2	4	4.0

或是要丟棄指定欄位中含有遺失值的資料，需要在第二個參數中指定欄位。

In [43]:
```
dropmissing(df, :A)
```

Out[43]: 3 rows × 2 columns

	A	B
	Int64	Float64
1	1	missing
2	2	2.5
3	4	4.0

我們可以用 completecases 檢查是否為不含 missing 的資料，藉此取出完整的列。

In [44]:
```
completecases(df)
```

Out[44]: 5-element BitArray{1}:
```
false
 true
false
 true
false
```

In [45]:
```
df[completecases(df), :]
```

Out[45]: 2 rows × 2 columns

	A	B
	Int64	Float64
1	2	2.5
2	4	4.0

如果我們對含有 missing 的欄位計算總和，會是如何呢？

In [46]:
```
sum(df[:A])
```

Out[46]: missing

我們會得到 missing，那是因為 missing 與其他數值一起運算結果會是 missing。skipmissing 可以讓你在計算一些統計量時，不把 missing 給放進去做運算，這樣就會得到答案。

In [47]:
```
sum(skipmissing(df[:A]))
```
Out[47]: 7

▸ missing 的特性

missing 與其他的數值一同運算的話，會發生什麼事情呢？它有什麼特性嗎？當 missing 與數值做算術運算時，計算結果會是 missing，也就是說，數值跟一個遺失值一起運算的話，一樣是一個遺失值。

In [48]:
```
missing + 1
```
Out[48]: missing

missing 與數字 1 進行比較運算。

In [49]:
```
missing == 1
```
Out[49]: missing

missing 跟自己比較的結果，仍然是 missing。

In [50]:
```
missing == missing
```
Out[50]: missing

missing 物件與自身物件比較的結果是一致的。

In [51]:
```
missing === missing
```
Out[51]: true

In [52]:
```
isequal(missing, missing)
```
Out[52]: true

missing 在邏輯運算中，會受到短路邏輯的影響。如果 true 放在 | 之前，就會因為短路邏輯而直接判定為 true。如果是 missing 放在 | 前，就會因為運算的結果而呈現 missing。

```
In  [53]: true  | missing
Out[53]: true
```

```
In  [54]: missing  | true
Out[54]: true
```

```
In  [55]: false & missing
Out[55]: false
```

▸ 填值

填值（imputation）是在有 missing 的資料上填補值，以利後續的建模及計算。一般來說，如果資料有一定數量，大可以選擇將有 missing 的資料丟棄不用。除非資料非常少而珍貴，才會選擇填值。

對數值型資料來說，可以有幾種方式：

1. 填入 0：可能跟原本就是 0 的資料混淆。
2. 填入 -999 或是不常見的值：但後續計算上可能會造成資料的偏差，或是被視為離群值。
3. 填入平均值。
4. 填入中位數。

對類別型資料來說，可以有幾種方式：

1. 填入眾數。
2. 建立一個「其他」的類別。

也可以用比較複雜的建模方式來填值。如果是數值型資料，會建立一個迴歸模型，讓其他資料去預測含有 missing 資料的欄位，使用預測值填入。如果是類別型資料，會建立一個分類模型，讓其他的資料去預測含有 missing 資料的欄位，使用預測的類別填入。

▸ 重複資料的處理

DataFrames 套件提供了處理重複資料的功能。

In [56]:
```
df = DataFrame(A=[1, 1, 2, 2, 3, 3],
               B=['a', 'b', 'a', 'a', 'c', 'c'],
               C=["a", "a", "f", "f", "d", "b"])
```

Out[56]: 6 rows × 3 columns

	A	B	C
	Int64	**Char**	**String**
1	1	'a'	a
2	1	'b'	a
3	2	'a'	f
4	2	'a'	f
5	3	'c'	d
6	3	'c'	b

nonunique 可以幫助我們挑出那些不唯一的資料，剩下的資料就是只在資料集中出現一次的資料。

In [57]:
```
nonunique(df)
```

Out[57]: 6-element Array{Bool,1}:

```
false
false
false
true
false
false
```

我們可以用 nonunique 的結果挑出該筆資料。

In [58]:
```
df[nonunique(df), :]
```

Out[58]: 1 rows × 3 columns

	A	B	C
	Int64	**Char**	**String**
1	2	'a'	f

或是我們可以用 unique 直接取出唯一的資料。

```
In [59]: unique(df)
```

Out[59]: 5 rows × 3 columns

	A	B	C
	Int64	**Char**	**String**
1	1	'a'	a
2	1	'b'	a
3	2	'a'	f
4	3	'c'	d
5	3	'c'	b

我們可以藉由第二個參數指定哪些欄位的資料是需要唯一的，像以下的例子就指定只看 A 及 C 欄位的資料需要唯一。

```
In [60]: unique(df, [:A, :C])
```

Out[60]: 4 rows × 3 columns

	A	B	C
	Int64	**Char**	**String**
1	1	'a'	a
2	2	'a'	f
3	3	'c'	d
4	3	'c'	b

unique! 則會直接修改 df 讓資料成為唯一的。

```
In [61]: unique!(df)
```

Out[61]: 5 rows × 3 columns

	A	B	C
	Int64	**Char**	**String**
1	1	'a'	a

2	1	'b'	a
3	2	'a'	f
4	3	'c'	d
5	3	'c'	b

3. 特徵轉換與特徵工程

在初步處理完資料之後，我們可以將資料拿去建模（modeling），方法可以是傳統的數值方或是微分方程的模型，抑或是機器學習的方法。在進入建模的階段前，資料需要進一步做轉換。這邊我們會介紹一些基礎的特徵工程（feature engineering）方法，像是距離的計算、特徵的縮放或是特徵轉換的技巧，並搭配 Julia 程式碼以幫助讀者理解。

▶ 距離

計算距離相關的函數都收錄在 Distances 套件中，因此需要先安裝套件。以下關於距離的計算都會附上數學公式以供對照。

In [62]:
```
using Distances
```

座標點或向量

如果要計算的資料是座標點或是向量，可進行以下三種計算。

In [63]:
```
x = [1, 2, 3, 4, 8, 5, 3, 24]
y = [4, 2, 3, 6, 7, 8, 2, 2];
```

1. 計算歐氏距離（Euclidean distance）。

公式：$d(x,y)=\sqrt{\sum_i (x_i-y_i)^2}=\sqrt{(x-y)^T(x-y)}$；

```
In [64]: euclidean(x, y)
```

Out[64]: 22.538855339169288

2. 計算歐氏距離的平方。

$$公式：d(x, y) = \sum_i (x_i - y_i)^2 = (x - y)^T (x - y)$$

```
In [65]: sqeuclidean(x, y)
```

Out[65]: 508

3. 計算餘弦距離（cosine distance）。

$$公式：d(x, y) = 1 - \frac{\sum_i x_i y_i}{\sqrt{\sum_i x_i^2 \cdot \sum_i y_i^2}} = 1 - \frac{x^T y}{||x|| \cdot ||y||}$$

```
In [66]: cosine_dist(x, y)
```

Out[66]: 0.47217425960932535

關聯性與統計

可以利用統計上的皮爾森相關係數（Pearson's correlation coefficient）計算距離。

$$d(x, y) = 1 - \frac{\sum_i (x_i - \bar{x})(y_i - \bar{y})}{\sqrt{\sum_i (x_i - \bar{x})^2 \cdot \sum_i (y_i - \bar{y})^2}} = 1 - \frac{(x - \bar{x})^T (y - \bar{y})}{||x - \bar{x}|| \cdot ||y - \bar{y}||}$$

```
In [67]: corr_dist(x, y)
```

Out[67]: 1.1686741492507364

計算馬哈拉諾比斯距離（Mahalanobis distance）。

$$公式：d(x, y) = \sqrt{(x - y)^T Q (x - y)}$$

```
In [68]: mahalanobis(x, y, Q)
```

方格

計算曼哈頓距離（Manhattan distance），要計算在街道上兩點的距離需以街區的方格作計算，適合用曼哈頓距離。

$$公式：d(x,y)=\sum_i |x_i-y_i| = sign(x-y)^T(x-y)$$

In [69]:
```
cityblock(x, y)
```
Out[69]: 32

高維度空間

計算閔考斯基距離（Minkowski distance），在高維度空中計算距離，可以用閔考斯基距離。

$$公式：d(x,y)=\sqrt[p]{\sum_i (x_i-y_i)^p}$$

In [70]:
```
p = 8
minkowski(x, y, p)
```
Out[70]: 22.000000670513174

字串

計算漢明距離(Hamming distance)，可以用來計算兩個字串之間的距離。

$$公式：d(x,y)=\sum_i I[x_i \neq y_i]$$

In [71]:
```
hamming(x, y)
```
Out[71]: 6

集合

計算集合之間的距離，可以用雅卡爾距離（Jaccard distance）。

$$公式：d(x,y)=1-\frac{|x\cap y|}{|x\cup y|}$$

In [72]:
```
jaccard(x, y)
```
Out[72]: 0.5517241379310345

機率分布

In [73]:
```
p = x / sum(x)
q = y / sum(y)
```
Out[73]:
```
8-element Array{Float64,1}:
 0.11764705882352941
 0.058823529411764705
 0.08823529411764706
 0.17647058823529413
 0.20588235294117646
 0.23529411764705882
 0.058823529411764705
 0.058823529411764705
```

如果是計算兩個機率分布之間的距離，可以有兩種計算方式。

一個是 KL 散度（Kullback–Leibler divergence），不過嚴格來說，它並不是距離，因為它並不對稱。

公式：$D_{KL}(p||q) = -\sum_i p_i \log \frac{q_i}{p_i}$

In [74]:
```
kl_divergence(p, q)
```
Out[74]: 0.7456221815970443

另一個方式是 JS 散度（Jensen–Shannon divergence），它是符合距離的要求的。

公式：$D_{JS}(p||q) = \frac{1}{2}D_{KL}(p||r) + \frac{1}{2}D_{KL}(q||r), r = \frac{1}{2}(p+q)$

In [75]:
```
js_divergence(p, q)
```
Out[75]: 0.14007821959270986

▸ 特徵縮放

在機器學習領域，會將要放入模型中進行預測的資料欄位稱為**特徵（feature）**。對模型來說，可以利用這些特徵來進行預測。一般來說，資料會經過一些前處理的手段再放入模型當中，最常見的就是**特徵縮放（feature scaling）**了。這邊會用到 StatsBase 套件，以下利用鳶尾花的資料集來示範。

In [76]:
```
using RDatasets
iris = dataset("datasets", "iris")
first(iris, 10)
```

Out[76]: 10 rows × 5 columns

	SepalLength	SepalWidth	PetalLength	PetalWidth	Species
	Float64	Float64	Float64	Float64	Categorical…
1	5.1	3.5	1.4	0.2	setosa
2	4.9	3.0	1.4	0.2	setosa
3	4.7	3.2	1.3	0.2	setosa
4	4.6	3.1	1.5	0.2	setosa
5	5.0	3.6	1.4	0.2	setosa
6	5.4	3.9	1.7	0.4	setosa
7	4.6	3.4	1.4	0.3	setosa
8	5.0	3.4	1.5	0.2	setosa
9	4.4	2.9	1.4	0.2	setosa
10	4.9	3.1	1.5	0.1	setosa

標準化

標準化（standardization）是常見的特徵縮放方式，它會將資料的分布期望值變成 0，標準差變成 1，這樣的轉換方式又稱為 z 值轉換。我們有 standardize 這個函式可以用，它會根據第一個參數給定的轉換方式對資料做轉換，ZScoreTransform 指定的是 z 值轉換的方式。我們可以將資料作為第二個參數放入，第三個參數則是指定標準化的維度，要標準化型別為

「vector」的物件則必須是 dims = 1。

$$公式：z = \frac{x - \hat{x}}{std(x)}$$

In [77]:
```
iris[:SepalLength] = standardize(ZScoreTransform, iris[:SepalLength],dims=1)
first(iris, 10)
```

Out[77]: 10 rows × 5 columns

	SepalLength	SepalWidth	PetalLength	PetalWidth	Species
	Float64	Float64	Float64	Float64	Categorical…
1	-0.897674	3.5	1.4	0.2	setosa
2	-1.1392	3.0	1.4	0.2	setosa
3	-1.38073	3.2	1.3	0.2	setosa
4	-1.50149	3.1	1.5	0.2	setosa
5	-1.01844	3.6	1.4	0.2	setosa
6	-0.535384	3.9	1.7	0.4	setosa
7	-1.50149	3.4	1.4	0.3	setosa
8	-1.01844	3.4	1.5	0.2	setosa
9	-1.74302	2.9	1.4	0.2	setosa
10	-1.1392	3.1	1.5	0.1	setosa

正規化

正規化（normalization）是另一個常見的特徵縮放方法，它是將資料的範圍縮放到 0～1 的範圍之間。最大值為 1，最小值為 0。這邊我們只需要更換第一個參數，指定為 UnitRangeTransform 即可。

$$公式：x' = \frac{x - min(x)}{max(x) - min(x)}$$

In [78]:
```
iris[:SepalWidth] = standardize(UnitRangeTransform, iris[:SepalWidth],dims=1)
first(iris, 10)
```

Out[78]: 10 rows × 5 columns

	SepalLength	SepalWidth	PetalLength	PetalWidth	Species
	Float64	Float64	Float64	Float64	Categorical···
1	-0.897674	0.625	1.4	0.2	setosa
2	-1.1392	0.416667	1.4	0.2	setosa
3	-1.38073	0.5	1.3	0.2	setosa
4	-1.50149	0.458333	1.5	0.2	setosa
5	-1.01844	0.666667	1.4	0.2	setosa
6	-0.535384	0.791667	1.7	0.4	setosa
7	-1.50149	0.583333	1.4	0.3	setosa
8	-1.01844	0.583333	1.5	0.2	setosa
9	-1.74302	0.375	1.4	0.2	setosa
10	-1.1392	0.458333	1.5	0.1	setosa

▶ 特徵轉換

除了特徵縮放以外，特徵轉換（feature transformation）也是常見的資料前處理手段。

捨去

我們可以對資料進行捨去的運算，如此可以降低資料的精度，會對一些特定的任務有提升效能的好處。捨去法有不同種的變形，有**四捨五入（rounding）**、**無條件進位（ceiling）**及**無條件捨去（floor）**三種，這三種都屬於內建函式。

```
In  [79]: rounnd.(iris[:SepalLength])
Out[79]: 150-element Array{Float64，1}:
         -1.0
         -1.0
         -1.0
         -2.0
         -1.0
         -1.0
         -2.0
```

```
        -1.0
        -2.0
        -1.0
        -1.0
        -1.0
        -1.0
         ⋮
         0.0
         1.0
         1.0
         1.0
        -1.0
         1.0
         1.0
         1.0
         1.0
         1.0
         0.0
         0.0
```

```
In  [80]: ceil.(iris[:SepalLength])
Out[80]: 150-element Array{Float64，1}:
        -0.0
        -1.0
        -1.0
        -1.0
        -1.0
        -0.0
        -1.0
        -1.0
        -1.0
        -1.0
        -0.0
        -1.0
        -1.0
         ⋮
         1.0
         2.0
         2.0
         2.0
```

```
 -0.0
  2.0
  2.0
  2.0
  1.0
  1.0
  1.0
  1.0
```

```
In [81]: floor.(iris[:SepalLength])
```

```
Out[81]: 150-element Array{Float64,1}:
 -1.0
 -2.0
 -2.0
 -2.0
 -2.0
 -1.0
 -2.0
 -2.0
 -2.0
 -2.0
 -1.0
 -2.0
 -2.0
  ⋮
  0.0
  1.0
  1.0
  1.0
 -1.0
  1.0
  1.0
  1.0
  0.0
  0.0
  0.0
  0.0
```

Log 轉換

Log 轉換（log transformation）在一些特定的資料型態中會看到，我們可以透過 log 轉換來將過大的數值壓小。有時候資料在通過 log 轉換之後會得到線性的結果，在統計或是機器學習模型上會有很好的表現。一般的 log 函式是以 *e* 為底數的，另外還有 log2 及 log10 可供選擇。

```
In  [82]: log.(iris[:PetalLength])
Out[82]: 150-element Array{Float64,1}:
          0.3364722366212129
          0.3364722366212129
          0.26236426446749106
          0.4054651081081644
          0.3364722366212129
          0.5306282510621704
          0.3364722366212129
          0.4054651081081644
          0.3364722366212129
          0.4054651081081644
          0.4054651081081644
          0.47000362924573563
          0.3364722366212129
           ⋮
          1.5686159179138452
          1.6863989535702288
          1.7227665977411035
          1.62924053973028
          1.62924053973028
          1.7749523509116738
          1.7404661748405046
          1.6486586255873816
          1.6094379124341003
          1.6486586255873816
          1.6863989535702288
          1.62924053973028
```

一般來說，log 轉換遇到數值 0 會轉換成 -Inf，這會造成後續運算跟建模上的麻煩，為了避免 0 的影響，我們可以將 0 取代為系統上最小的數字，那通常是機器誤差（machine epsilon）。由於取代的運算比較繁複，我們會以加上機器誤差來取代，所以會加上 eps() 後再進行轉換。

```
In  [83]: log.(iris[:PetalLength] .+ eps())
Out[83]: 150-element Array{Float64,1}:
          0.336472236621213
          0.336472236621213
          0.2623642644674913
          0.40546510810816455
          0.336472236621213
          0.5306282510621705
          0.336472236621213
          0.40546510810816455
          0.336472236621213
          0.40546510810816455
          0.40546510810816455
          0.47000362924573574
          0.336472236621213
           ⋮
          1.5686159179138452
          1.6863989535702288
          1.7227665977411035
          1.62924053973028
          1.62924053973028
          1.7749523509116738
          1.7404661748405046
          1.6486586255873816
          1.6094379124341003
          1.6486586255873816
          1.6863989535702288
          1.62924053973028
```

如果希望經過 log 轉換後最小值仍然是 0，則可以挑選 log1p，它會計算 log (x + 1) 的結果，但比 log (x + 1) 的速度要快。

```
In  [84]: log1p.(iris[:PetalLength])
Out[84]: 150-element Array{Float64,1}:
          0.8754687373538999
```

```
0.8754687373538999
0.832909122935104
0.9162907318741551
0.8754687373538999
0.9932517730102833
0.8754687373538999
0.9162907318741551
0.8754687373538999
0.9162907318741551
0.9162907318741551
0.9555114450274363
0.8754687373538999
⋮
1.7578579175523736
1.8562979903656263
1.8870696490323797
1.8082887711792655
1.8082887711792655
1.9315214116032138
1.9021075263969205
1.824549292051046
1.791759469228055
1.824549292051046
1.8562979903656263
1.8082887711792655
```

二元化

二元化（Binarize）是設定一個**閾ㄩˋ值（threshold）**將資料分成 0 或是 1。例如：將班上同學成績分成及格（大於或等於 60）與不及格（小於 60）。將客戶年齡分成成年（大於或等於 18）與未成年（小於 18）可以更好地做資料的篩選。

In [85]:
```
iris[:binarize] = float.(iris[:PetalLength] .> 0.5);
first(iris, 10)
```

Out[85]: 10 rows × 6 columns

	SepalLength	SepalWidth	PetalLength	PetalWidth	Species	binarize
	Float64	Float64	Float64	Float64	Categorical…	Float64
1	-0.897674	0.625	1.4	0.2	setosa	1.0
2	-1.1392	0.416667	1.4	0.2	setosa	1.0
3	-1.38073	0.5	1.3	0.2	setosa	1.0
4	-1.50149	0.458333	1.5	0.2	setosa	1.0
5	-1.01844	0.666667	1.4	0.2	setosa	1.0
6	-0.535384	0.791667	1.7	0.4	setosa	1.0
7	-1.50149	0.583333	1.4	0.3	setosa	1.0
8	-1.01844	0.583333	1.5	0.2	setosa	1.0
9	-1.74302	0.375	1.4	0.2	setosa	1.0
10	-1.1392	0.458333	1.5	0.1	setosa	1.0

離散化

離散化（binning, discretize）是將資料的範圍切成數個區塊，一般區塊稱為 bin，各個 bin 是等距的，也可以是不等距的。例如：可以將年齡分成 0 ～ 10、10 ～ 20、20 ～ 30 等等，或是將年齡分成 0 ～ 18、18 ～ 65 及 65 以上，也可以將時間的資料分成早上、中午、晚上。接下來會介紹等距的離散化方式。

這邊我們會用到 Discretizers 套件，要做離散化就先要知道資料須如何做切分，切分的邊界如何計算？ binedges 可以幫助我們計算切分的邊界，它的第一個參數是指定切分邊界的方式，DiscretizeUniformWidth 是將資料切成等距的大小，DiscretizeUniformWidth 所需要的參數是要切分的 bin 數量。binedges 的第二個參數是給予的資料。

In [86]:
```
using Discretizers
edges = binedges(DiscretizeUniformWidth(10), iris[:PetalLength])
```

```
Out[86]: 11-element Array{Float64,1}:
 1.0
 1.59
```

```
2.18
2.77
3.36
3.95
4.54
5.13
5.72
6.31
6.9
```

得到了 edges 之後，可以交由 LinearDiscretizer 根據 edges 來切分資料。切分資料的方式是利用 encode 將資料對應到一個整數上，代表這個資料是屬於某個 bin 的。encode 接受兩個參數，第一個參數是 disc，第二個參數就是資料。

In [87]:
```
disc = LinearDiscretizer(edges)
encode(disc, 0.2)
```

Out[87]: 1

如果要計算整個資料欄位也可以將整個陣列作為第二個參數，我們就可以得到所有資料所屬的 bin 了。

In [88]:
```
iris[:bin] = encode(disc, iris[:PetalLength])
first(iris, 10)
```

Out[88]: 10 rows × 7 columns

	SepalLength	SepalWidth	PetalLength	PetalWidth	Species	binarize	binarize
	Float64	Float64	Float64	Float64	Categorical…	Float64	Float64
1	-0.897674	0.625	1.4	0.2	setosa	1.0	1
2	-1.1392	0.416667	1.4	0.2	setosa	1.0	1
3	-1.38073	0.5	1.3	0.2	setosa	1.0	1
4	-1.50149	0.458333	1.5	0.2	setosa	1.0	1
5	-1.01844	0.666667	1.4	0.2	setosa	1.0	1
6	-0.535384	0.791667	1.7	0.4	setosa	1.0	2
7	-1.50149	0.583333	1.4	0.3	setosa	1.0	1
8	-1.01844	0.583333	1.5	0.2	setosa	1.0	1

9	-1.74302	0.375	1.4	0.2	setosa	1.0	1
10	-1.1392	0.458333	1.5	0.1	setosa	1.0	1

編碼

一些類別型資料要放到模型前需要做一些**編碼（encoding）**，將類別轉成數字才能放到模型中。做編碼的方式有不少種，我們可以用 MLDataUtils 套件的 convertlabel 來達成。

In [89]:
```
using MLDataUtils
targets = [0, 1, 0, 1, 1, 0];
```

convertlabel 第一個參數是編碼的方式，這邊會是由套件提供，第二個參數則是要進行編碼的資料。LabelEnc.MarginBased 會將二元類別的資料編碼成 1 跟 -1，預設是整數型別。

In [90]:
```
convertlabel(LabelEnc.MarginBased, targets)
```

Out[90]:
```
6-element Array{Int64,1}:
 -1
  1
 -1
  1
  1
 -1
```

LabelEnc.MarginBased 可以放入特定的型別，來指定編碼的資料型別。

In [91]:
```
convertlabel(LabelEnc.MarginBased(Float64), targets)
```

Out[91]:
```
6-element Array{Float64,1}:
 -1.0
  1.0
 -1.0
  1.0
  1.0
 -1.0
```

label 可以整理出資料有哪些類別，而 nlabel 則會計算出有多少種類別在其中。

In [92]:
```
label(iris[:Species])
```

Out[92]:
```
3-element Array{String,1}:
 "setosa"
 "versicolor"
 "virginica"
```

In [93]:
```
nlabel(iris[:Species])
```

Out[93]: 3

labelmap 可以建立由類別挑選資料機制，它會將類別作為鍵，資料的索引值作為值。這樣就可以一次挑出同樣類別的資料了。

In [94]:
```
d = labelmap(iris[:Species])
```

Out[94]:
```
Dict{CategoricalString{UInt8},Array{Int64,1}} with 3 entries:
 CategoricalString{UInt8} "virginica"   => [101, 102, 103, 104, 105, 106, 107,…
 CategoricalString{UInt8} "setosa"      => [1, 2, 3, 4, 5, 6, 7, 8, 9, 10 …4…
 CategoricalString{UInt8} "versicolor"  => [51, 52, 53, 54, 55, 56, 57, 58, 59,…
```

In [95]:
```
iris[d["virginica"], :]
```

Out[95]: 50 rows × 7 columns

	SepalLength	SepalWidth	PetalLength	PetalWidth	Species	binarize	bin
	Float64	Float64	Float64	Float64	Categorical…	Float64	Int64
1	0.551486	0.541667	6.0	2.5	virginica	1.0	9
2	-0.0523308	0.291667	5.1	1.9	virginica	1.0	7
3	1.51759	0.416667	5.9	2.1	virginica	1.0	9
4	0.551486	0.375	5.6	1.8	virginica	1.0	8
5	0.793012	0.416667	5.8	2.2	virginica	1.0	9
6	2.12141	0.416667	6.6	2.1	virginica	1.0	10

7	-1.1392	0.208333	4.5	1.7	virginica	1.0	6
8	1.75912	0.375	6.3	1.8	virginica	1.0	9
9	1.03454	0.208333	5.8	1.8	virginica	1.0	9
10	1.63836	0.666667	6.1	2.5	virginica	1.0	9
11	0.793012	0.5	5.1	2.0	virginica	1.0	7
12	0.672249	0.291667	5.3	1.9	virginica	1.0	8
13	1.1553	0.416667	5.5	2.1	virginica	1.0	8
14	-0.173094	0.208333	5.0	2.0	virginica	1.0	7
15	-0.0523308	0.333333	5.1	2.4	virginica	1.0	7
16	0.672249	0.5	5.3	2.3	virginica	1.0	8
17	0.793012	0.416667	5.5	1.8	virginica	1.0	8
18	2.24217	0.75	6.7	2.2	virginica	1.0	10
19	2.24217	0.25	6.9	2.3	virginica	1.0	10
20	0.189196	0.0833333	5.0	1.5	virginica	1.0	7
21	1.27607	0.5	5.7	2.3	virginica	1.0	8
22	-0.293857	0.333333	4.9	2.0	virginica	1.0	7
23	2.24217	0.333333	6.7	2.0	virginica	1.0	10
24	0.551486	0.291667	4.9	1.8	virginica	1.0	7
25	1.03454	0.541667	5.7	2.1	virginica	1.0	8
26	1.63836	0.5	6.0	1.8	virginica	1.0	9
27	0.430722	0.333333	4.8	1.8	virginica	1.0	7
28	0.309959	0.416667	4.9	1.8	virginica	1.0	7
29	0.672249	0.333333	5.6	2.1	virginica	1.0	8
30	1.63836	0.416667	5.8	1.6	virginica	1.0	9
	⋮	⋮	⋮	⋮	⋮		

整數編碼

整數編碼（integer encoding）是將類別對應到整數。例如：第一名對應到 1，第二名對應到 2，第三名對應到 3；或是鑽石會員對應到 1，白金會員對應到 2，黃金會員對應到 3，普通會員對應到 4。像這樣有階層或是次序關係的類別比較適用整數編碼，如果是顏色、城市或是國家這種類別比較不適用。使用 convertlabel 函式，以及使用 LabelEnc.Indices 編碼方式，可以將 iris[:Species] 進行整數編碼。

```
In  [96]: convertlabel(LabelEnc.Indices, iris[:Species])
Out[96]: 150-element Array{Int64,1}:
          1
          1
          1
          1
          1
          1
          1
          1
          1
          1
          1
          1
          1
          ⋮
          3
          3
          3
          3
          3
          3
          3
          3
          3
          3
          3
          3
```


One-hot encoding

One-hot encoding 是將一個類別編碼成一個向量，向量中只有唯一的 1，其餘都是 0。當中的 1 對應特定的類別，例如：可以將顏色進行編碼，紅色可以編碼成 100，綠色可以編碼成 010，藍色則是 001。像這些各自獨立類別適合這樣的編碼方式，這樣的編碼方式也適用於任何類別型資料。不過當類別很多時，會導致整個向量很大。如果需要加入新的類別時，需要重新編碼。一樣是使用 convertlabel 函式，不過將編碼方式改為 LabelEnc.OneOfK。

```
In  [97]: convertlabel(LabelEnc.OneOfK, iris[:Species])

Out[97]: 3×150 Array{Int64,2}:
          1  1  1  1  1  1  1  1  1  1  1  1  1  …  0  0  0  0  0  0  0  0  0  0  0  0
          0  0  0  0  0  0  0  0  0  0  0  0  0     0  0  0  0  0  0  0  0  0  0  0  0
          0  0  0  0  0  0  0  0  0  0  0  0  0     1  1  1  1  1  1  1  1  1  1  1  1
```

如果要更改編碼的資料型別，可以指定 LabelEnc.OneOfK{Bool}，編碼的結果就會是 Bool。

```
In  [98]: convertlabel(LabelEnc.OneOfK{Bool}, iris[:Species])

Out[98]: 3×150 BitArray{2}:
          true   true   true   true   true  …   false  false  false  false  false
          false  false  false  false  false     false  false  false  false  false
          false  false  false  false  false     true   true   true   true   true

In  [99]: convertlabel(LabelEnc.OneOfK{Float64}, iris[:Species])

Out[99]: 3×150 Array{Float64,2}:
          1.0  1.0  1.0  1.0  1.0  1.0  1.0  1.0  …  0.0  0.0  0.0  0.0  0.0  0.0  0.0
          0.0  0.0  0.0  0.0  0.0  0.0  0.0  0.0     0.0  0.0  0.0  0.0  0.0  0.0  0.0
          0.0  0.0  0.0  0.0  0.0  0.0  0.0  0.0     1.0  1.0  1.0  1.0  1.0  1.0  1.0
```

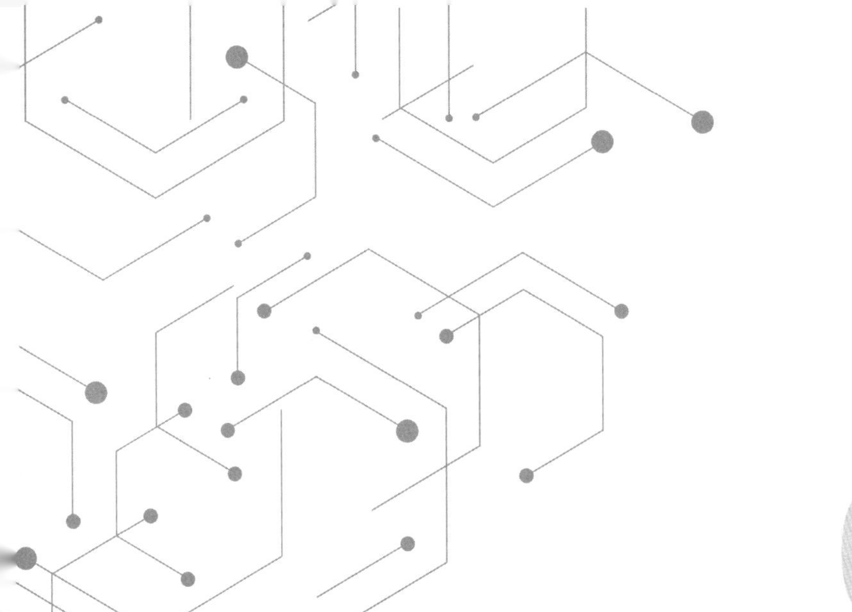

08

用資料做決策

1. **資料中的統計**
   - 抽樣
   - 抽樣分布
   - 中央極限定理
   - 關於抽樣分布的統計量
2. **以資料為證據的推論**
   - 假設檢定
   - 單尾檢定跟雙尾檢定
   - 假設檢定範例
   - 常見的檢定
3. **資料驅動的典範**
   - 資料驅動的決策
   - 資料驅動的科學

1. 資料中的統計

面對資料時，統計是人們有力的武器。資料當中蘊含著雜訊與不確定性，我們很難在精確的數學式子中處理這些雜訊與不確定性，於是人們發展出統計學。資料科學引導人們去理解資料的樣貌，框架出資料背後的規則，從中萃取出知識。統計學恰恰為資料科學與分析資料的方法提供了一套有力的理論背景與工具。本章會粗淺地介紹一些統計學的概念，並且引導到如何以資料為基礎做出決策。

一般我們都想知道一些問題，像是某群人的身高是不是比人類的平均身高還高，客戶是不是比較喜歡某個產品的樣式，或是這群鳥的翅膀長度是否與另一群鳥有差異。我們常常比較兩個群體的特質，或是一個群體的某個特質是不是有比特定數值高或低。在第一個問題中，我們比較的是某群人以及所有人類的身高這個特質，某群人的身高是否大於所有人類的平均身高。在第二個問題中，我們比較的是客戶比較喜歡某個產品樣式；相對於其他產品樣式，要能夠代表客戶喜歡某個產品，可以用產品購買的數量或是產品頁面的點擊次數來做為比較基準。在第三個問題中，我們比較兩群鳥的特質是否有差異也就是兩群鳥的特質是否相等。這些都仰賴抽樣以及推論統計。

▶ 抽樣

抽樣（sampling）是從母體中抽取一些樣本，透過觀察或是量測可以知道這群樣本的特質。之所以要抽樣，往往是因為蒐集不到整個母體的資料，比如說難以蒐集到所有人類的身高資料，而即便蒐集到所有人類的身高資料，也沒有過去及未來的資料。我們只能透過抽樣的手段，盡可能蒐集到夠多的樣本來對母體做推論。以下會介紹抽樣的函式，不過這個函式只是對使用者給予的有限資料中抽取部分樣本出來。在此會用到 StatsBase 這個套件。

In [1]:
```
using StatsBase
```

sample 這個函式可以從給予的資料中抽取出一個樣本。

In [2]:
```
x = [1, 5, 2, 10, 4, 11, 3, 6, 12, 15, 26, 34]
sample(x)
```

Out[2]: 10

如果要指定抽取的樣本數，可以用第二個參數給定。讀者可能發現重複的樣本被抽取出來，其中有個關鍵字參數 replace 代表取出後放回，預設為 true。

In [3]:
```
sample(x, 10)
```

```
Out[3]: 10-element Array{Int64,1}:
  5
 10
 10
 12
 12
 26
  1
  3
 11
 26
```

如果希望採用取後不放回的抽樣方式，或是模擬一次取多個樣本，可以加上：

replace=false

In [4]:
```
sample(x, 10, replace=false)
```

```
Out[4]: 10-element Array{Int64,1}:
 34
  4
  2
```

```
 6
26
 3
11
 1
15
12
```

如果要指定輸出的矩陣維度，可以在第二個參數給定，例如：下式的（2.2）。

```
In  [5]: sample(x, (2, 2))
```

```
Out[5]: 2×2 Array{Int64,2}:
  5   1
 26  26
```

▸ 抽樣分布

抽樣出來的樣本會有若干組，將這些樣本分別算出各組的統計量，例如：平均值，就可以得到一個樣本平均值的分布。我們把樣本的統計量分布統稱為抽樣分布（sampling distribution）。我們可以透過抽樣分布的期望值去估計母體的平均值。

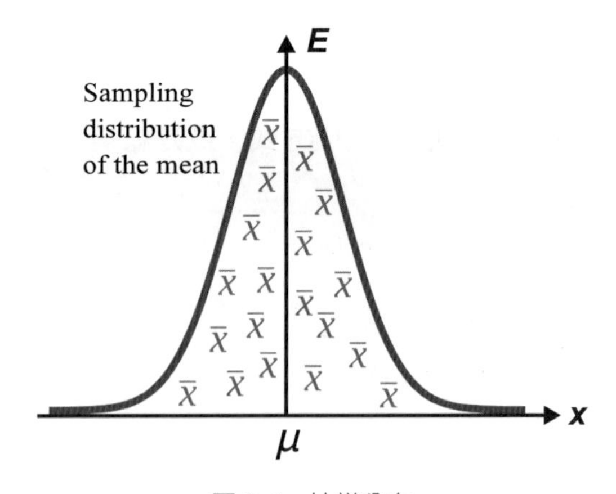

圖 8-1　抽樣分布

▸ 中央極限定理

為什麼可以利用抽樣分布的期望值去估計母體的平均值呢？這來自**中央極限定理（central limit theorem）**，中央極限定理當中描述了從母體中抽取樣本，並計算樣本的平均值可以估計母體的平均值。樣本平均值所形成的分布，在樣本數趨近於無限大的時候，會形成常態分布，而分布的期望值也會是母體的平均值。中央極限定理可以說是統計理論中相當重要的定理。

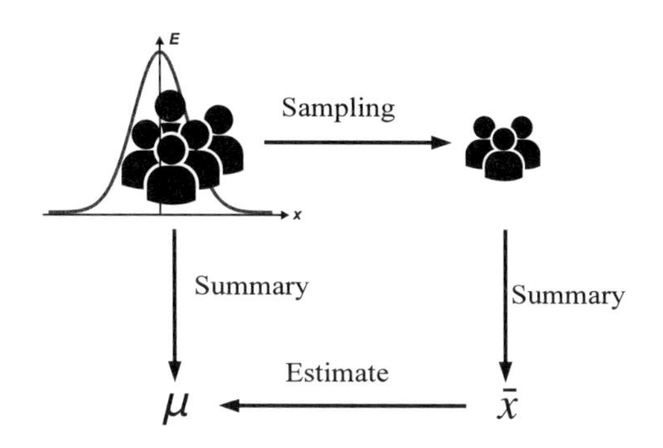

圖 8-2　使用樣本平均去估計母體平均

▸ 關於抽樣分布的統計量

標準誤（standard error）是指樣本平均所形成之抽樣分布的標準差。它跟樣本的標準差及樣本數有關。

```
In  [6]: sem(x)
Out[6]: 2.9209924631359407
```

變異係數（coefficient of variation）為樣本所計算得出的標準差除以平均值，一般會換算成百分比的形式表示。

```
In  [7]: variation(x)
Out[7]: 0.9412664845911088
```

2. 以資料為證據的推論

▸ 假設檢定

除了可以透過資料視覺化的方式從資料中理解資訊，有沒有其他定性的方式可以從資料中獲得資訊呢？我們常常會問類似以下的問題：

- 想比較兩者有沒有一樣？
- 想比較 A 是否比 B 大？

這時候就可以用假設檢定的方式，來檢驗資料是否支持這樣的論述。首先，我們需要形成假設，一般分為虛無假設及對立假設。虛無假設描述的是在證據尚未出現之前大家的信念，像是要比較兩個東西之間是否有差異，虛無假設是假設兩者沒有差異，而對立假設則是假設兩者有差異。若是比較 A 是否比 B 大，虛無假設會是 A 沒有比 B 大，對立假設則是 A 比 B 大。我們簡單整理如下：

虛無假設（null hypothesis）

- 標記為 H_0
- 假設兩者一樣
  - ■ $A = B$
- 假設 A 沒有比 B 大
  - ■ $A \leq B$

對立假設（alternative hypothesis）

- 標記為 H_A
- 假設兩者一樣
  - ■ $A \neq B$
- 假設 A 沒有比 B 大
  - ■ $A > B$

▸ 單尾檢定跟雙尾檢定

有了假設後，我們會分別對不同的假設運用不同的檢定方式。根據比較的方式分為單尾檢定（one-tailed tests）與雙尾檢定（two-tailed tests）。若是想比較兩者是否相同，會用雙尾檢定；若是想比較一方是否大於或小於，則會用單尾檢定。其中，單尾檢定又分為左尾檢定（lower-tail test）或是右尾檢定（upper-tail test），兩者分別用在對立假設為小於或是大於的情況。

雙尾檢定

- 想比較兩者有沒有一樣？
- H_0：假設兩者一樣，A ＝ B
- H_A：假設兩者不一樣，A ≠ B

單尾檢定

- 想比較 A 是否比 B 大？
- H_0：假設 A 沒有比 B 大，A ≦ B
- H_A：假設 A 比 B 大，A ＞ B

有了這兩種假設與兩種檢定，接下來看看我們所蒐集到的資料支持哪一種假設。我們會透過假設檢定所計算出來的統計量，來推得 p 值（p-value）。p 值代表拒絕虛無假設時犯錯的機率。當我們拒絕虛無假設而接受對立假設時，然而我們事實上不應該拒絕虛無假設，這就代表我們拒絕虛無假設是錯誤的。我們希望這樣錯誤的機率愈小愈好，然而機率多小是可以接受的呢？我們需要在事前先設定一個顯著水準（level of significance, α），如果 p 值有比顯著水準小，我們就可以拒絕虛無假設，而接受對立假設是對的。一般最寬鬆的顯著水準會設定為 0.05。

▸ 假設檢定範例

HypothesisTests 套件提供了我們不少假設檢定的方法，這邊舉一個例子示範。在使用假設檢定以前需要先將問題思考清楚，並且分清楚是要做哪一種檢定或假設。

In [8]:
```
using HypothesisTests
```

假設我們抽樣了兩群資料（不過這邊是用隨機的函式產生資料來模擬兩群資料），這兩群資料有一樣的樣本數及變異數。

In [9]:
```
a = 2.0 * randn(20) .+ 1.0
b = 2.0 * randn(20) .+ 0.5;
```

由於樣本數較少，而且是由常態分布的母體抽樣，所以我們使用 Student's T test。由於兩群樣本有相同的變異數，所以使用 EqualVarianceTTest，它的兩個參數就是這兩群資料。

In [10]:
```
ttest = EqualVarianceTTest(a, b)
```

Out[10]:
```
Two sample t-test (equal variance)
----------------------------------
Population details:
    parameter of interest:   Mean difference
    value under h_0:         0
    point estimate:          -0.06646367746170267
    95% confidence interval: (-1.1101, 0.9772)

Test summary:
    outcome with 95% confidence: fail to reject h_0
    two-sided p-value:           0.8981
Details:
    number of observations:   [20,20]
    t-statistic:              -0.1289214871702624
    degrees of freedom:       38
    empirical standard error: 0.5155360748664516
```

執行之後就有初步的統計數值被計算出來。我們可以檢查一些結果，像是 t 統計量 ttest.t，或是自由度 ttest.df。

```
In  [11]: ttest.t
Out[11]: -0.1289214871702624
```

```
In  [12]: ttest.df
Out[12]: 38
```

比較重要的是看統計的顯著性，我們可以用 pvalue 來得到 p 值，並檢查看看 p 值是否有達到先前所設定的顯著水準。

```
In  [13]: pvalue(ttest)
Out[13]: 0.8980997257786563
```

confint 則可以計算信賴區間（confidence interval）。預設的顯著水準是 $\alpha = 0.05$，則會涵蓋 $1-\alpha$ 的區域，可以用 alpha 參數來指定。單雙尾檢定可以用 tail 參數來指定。

```
In  [14]: confint(ttest)
Out[14]: (-1.1101118987074314, 0.9771845437840261)
```

預設的 pvalue 會是計算雙尾檢定的 p 值。如果想要單尾，可以透過 tail=:right 來指定。

```
In [15]: pvalue(ttest, tail=:right)
Out[15]: 0.5509501371106719
```

▶ 常見的檢定

以下列出套件中有支援的常見檢定方式。

1. 有母數檢定

z 檢定

- HypothesisTests.OneSampleZTest
- HypothesisTests.EqualVarianceZTest
- HypothesisTests.UnequalVarianceZTest

t 檢定

- HypothesisTests.OneSampleTTest
- HypothesisTests.EqualVarianceTTest
- HypothesisTests.UnequalVarianceTTest

x^2 檢定

- HypothesisTests.ChisqTest

2. 無母數檢定

- HypothesisTests.FisherExactTest
- HypothesisTests.SignedRankTest
- HypothesisTests.MannWhitneyUTest
- HypothesisTests.KruskalWallisTest

3. 適合度檢定

- HypothesisTests.ApproximateOneSampleKSTest

4. 排列檢定

- HypothesisTests.ExactPermutationTest

3. 資料驅動的典範

由這一波大數據開啟的潮流，無論是在商業領域或科學領域，都形成了新的典範：資料科學。資料科學強調是由資料驅動的決策及科學方法。資料是我們強而有力的後盾，有證據支持的策略、決策或是觀點是強而有力的。讓資料注入商業決策或是科學研究，會提供更穩固的基礎，並且開啟新的發現及可能性。

▶ 資料驅動的決策

有多種科學及統計方法可以幫助決策更為穩固。以資料作為證據支持，並且透過科學化的方式，藉由資料來作為決策的依據，這就是資料驅動的決策（Data-driven decision making）。

前半段我們粗淺地介紹了推論統計的架構及相關的函式，並可以透過這些方法來做出好的決策。使用先前介紹的 DataFrame 做資料的處理跟篩選，並藉由資料視覺化的方式來呈現資料當中的意義，探索資料當中的可能性。觀察資料過後，對資料做出假設，並透過資料的處理與運算做實驗驗證，接著對實驗的結果進行判讀跟解釋，同時對應用場景給出適當的建議，這便是以科學化的方法做決策。由資料驅動的科學及決策會比少數人以主觀判斷來做決策，更具說服力及客觀性。

▶ 資料驅動的科學

資料驅動的科學是一套新興的方法，和傳統科學研究方法相當的不同。傳統科學研究是藉由觀察自然對象或是社會現象來獲得一些啟發，有了這些啟發，我們可以產生假設，並且透過實驗去驗證，最後對結果進行解釋。資料科學則是先針對一個方向蒐集資料，並從資料的探索中進一步獲得啟發，我們仍然會產生假設，並且透過資料分析或建模等等方式加以實驗去驗證，最後對分析結果進行解釋。傳統科學與資料科學有重要的差異，在傳統科學中，我們會針對所做的假設進行實驗設計，而資料科學則是在探索資料的過程中產生假設，並且透過計算的方式做實驗。其中，傳統科學中的資料蒐集是針對實驗設計而進行的，資料科學則是在一開始就廣泛蒐集相關的資料，所以在資料上探索知識的面向有不同的廣度。傳統科學研究上較重視由觀察現象開啟後續的研究，而資料科學則著重資料的探索。

傳統科學研究

觀察 → 提出問題 → 假設 → 實驗 → 結論

資料科學

蒐集資料 → 探索資料 → 假設 → 實驗 → 結論

圖 8-3　傳統科學研究與資料科學的程序不同

09

科學運算：由已知關係求解

1. 線性系統與線性代數
2. 函數求根
3. 由系統到資料
4. 微分方程求解
   - 常微分方程
   - 隨機微分方程
   - 更多方程類型
   - 繪製動畫

在科學運算中常常牽涉解連立方程組、函數求根或是微分方程求解等等任務，這些任務一般會放在數值分析等領域。我們往往會藉由理論去建構一個模型，並且藉由模擬的方式來觀察這個系統的特性。這些都是科學運算中的基礎工具，我們會在這個章節介紹如何運用它們。

1. 線性系統與線性代數

在科學運算中最常見的就是線性系統了。一個如下的線性方程組：

$$\begin{cases} w_{11}x + w_{12}y + w_{13}z = a \\ w_{21}x + w_{22}y + w_{23}z = b \\ w_{31}x + w_{32}y + w_{33}z = c \end{cases}$$

可以用以下的矩陣來表達：

$$\begin{bmatrix} w_{11} & w_{12} & w_{13} \\ w_{21} & w_{22} & w_{23} \\ w_{31} & w_{32} & w_{33} \end{bmatrix} \begin{bmatrix} x \\ y \\ z \end{bmatrix} = \begin{bmatrix} a \\ b \\ c \end{bmatrix}$$

我們可以將以上的矩陣以符號表示：

$$Ax = b$$

裡面牽涉到矩陣或是向量的相乘運算，相乘的運算在前面的章節中有介紹過，接下來我們介紹矩陣的內積運算。

```
In  [1]: A = [1 2 3; 4 5 6; 7 8 9]
         B = [12 11 10 9; 8 7 6 5; 4 3 2 1]
         b = [5, 5, 5]

Out[1]: 3-element Array{Int64,1}:
         5
         5
         5
```

如果是計算兩個矩陣的**內積（inner product）**，則是需要將前者轉置：

$$A^T B$$

```
In  [2]: A' * B
Out[2]: 3×4 Array{Int64,2}:
          72  60  48  36
          96  81  66  51
         120 102  84  66
```

行列式

要計算矩陣的**行列式（determinant）**可以用 det。這邊需要用到內建的 LinearAlgebra 套件。

```
In  [3]: using LinearAlgebra
```

```
In  [4]: det(A)
Out[4]: 6.661338147750939e-16
```

秩

要計算矩陣的**秩（rank）**，可以用 rank。

```
In  [5]: rank(A)
Out[5]: 2
```

跡數

要計算矩陣的**跡數（trace）**，可以用 tr。

```
In  [6]: tr(A)
Out[6]: 15
```

範數

計算向量的**範數（norm）**會得到歐幾里得範數（Euclidean norm），

計算矩陣的範數則會得到 Frobenius norm。

In [7]:
```
norm(b)
```
Out[7]: 8.660254037844387

In [8]:
```
norm(A)
```
Out[8]: 16.881943016134134

單位矩陣

在 Julia 中要產生出**單位矩陣（identity matrix）**很簡單，不同於其他語言會有 eye，Julia 可以用以下的寫法，產生 3x3 的單位矩陣：

In [9]:
```
Matrix{Float64}(I, 3, 3)
```
Out[9]:
```
3×3 Array{Float64,2}:
 1.0  0.0  0.0
 0.0  1.0  0.0
 0.0  0.0  1.0
```

其實在運算上可以有更簡便的方式。以大寫字母 I 來表示單位矩陣，不需事先定義單位矩陣，會自動依據運算決定單位矩陣的大小。

In [10]:
```
A * I
```
Out[10]:
```
3×3 Array{Int64,2}:
 1  2  3
 4  5  6
 7  8  9
```

反矩陣

計算一個矩陣的**反矩陣（inverse）**可以用 inv，若一個矩陣不是方陣而滿秩（full-rank），我們可以計算一個類似反矩陣的 Moore-Penrose 偽逆矩陣（pseudo-inverse），可以使用 pinv。

In [11]:
```
inv(A)
```

```
Out[11]: 3×3 Array{Float64,2}:
 -4.5036e15   9.0072e15   -4.5036e15
  9.0072e15  -1.80144e16   9.0072e15
 -4.5036e15   9.0072e15   -4.5036e15
```

```
In  [12]: pinv(B)
```

```
Out[12]: 4×3 Array{Float64,2}:
 -0.1125       0.1         0.3125
 -0.0166667    0.0333333   0.0833333
  0.0791667   -0.0333333  -0.145833
  0.175       -0.1        -0.375
```

線性系統

當我們在解線性方程組的時候，會將方程組表示成矩陣的形式：

$$Ax = b$$

如此一來，如果矩陣 A 是**可逆的（invertible）**，那麼就可以被表示成以下形式，並且利用左除 \ 來求解。

$$x = A^{-1}b$$

```
In  [13]: x = A \ b
```

```
Out[13]: 3-element Array{Float64,1}:
 -8.999999999999998
 12.999999999999998
 -4.0
```

零空間

零空間（null space）是由以下形式的所有解所形成的向量空間。

$$Ax = 0$$

nullspace 會計算一個零空間的基底（basis）。

In [14]:
```
nullspace(A)
```

Out[14]:
```
3×1 Array{Float64,2}:
  0.4082482904638641
 -0.8164965809277259
  0.408248290463862
```

矩陣分解

我們常常會需要用到矩陣的分解。矩陣的分解方式有很多種，此處介紹在一般線性代數教科書中常見的矩陣分解方式，如表 9-1。使用 factorize ，會依據矩陣的類型自動選擇一個方便的矩陣分解方式。

矩陣	適用分解方法
一般非方陣	QR 分解
一般方陣	LU 分解
對稱實三對角矩陣	LDLt 分解
三對角矩陣	LU 分解
正定矩陣	Clolesky 分解

表 9-1　常見的矩陣分解方式

In [15]:
```
factorize(A)
```

Out[15]:
```
LU{Float64,Array{Float64,2}}
L factor:
3×3 Array{Float64,2}:
1.0        0.0   0.0
0.142857   1.0   0.0
0.571429   0.5   1.0
U factor:
3×3 Array{Float64,2}:
7.0   8.0        9.0
0.0   0.857143   1.71429
0.0   0.0        1.11022e-16
```

特徵值分解

特徵值分解（eigenvalue decomposition）可以是非常重要且廣泛應用的矩陣分解方式。透過特徵值分解，可以得到非常豐富而有用的資訊。eigen 會回傳矩陣的**特徵值（eigenvalues）**及**特徵向量（eigenvectors）**。

```
In  [16]: vals, vecs = eigen(A)
```

```
Out[16]: Eigen{Float64,Float64,Array{Float64,2},Array{Float64,1}}
         eigenvalues:
         3-element Array{Float64,1}:
          16.116843969807043
          -1.1168439698070427
          -1.3036777264747022e-15
         eigenvectors:
         3×3  Array{Float64,2}:
          -0.231971    -0.78583      0.408248
          -0.525322    -0.0867513  -0.816497
          -0.818673     0.612328     0.408248
```

eigvals 只回傳矩陣的特徵值。

```
In  [17]: eigvals(A)
```

```
Out[17]: 3-element Array{Float64,1}:
          16.116843969807043
          -1.1168439698070427
          -1.3036777264747022e-15
```

eigvecs 只回傳矩陣的特徵向量。

```
In  [18]: eigvecs(A)
```

```
Out[18]: 3×3  Array{Float64,2}:
          -0.231971   -0.78583      0.408248
          -0.525322   -0.0867513  -0.816497
          -0.818673    0.612328     0.408248
```

eigmax 會回傳最大的特徵值。

In [19]:
```
eigmax(A)
```
Out[19]: 16.116843969807043

eigmin 會回傳最小的特徵值。

In [20]:
```
eigmin(A)
```
Out[20]: -1.1168439698070427

奇異值分解

奇異值分解（singular value decomposition） 也是廣泛使用的一種分解方式，可以使用 svd 來處理。

In [21]:
```
U, Σ, V = svd(A)
```
Out[21]: SVD{Float64,Float64,Array{Float64,2}}([-0.214837 0.887231 0.408248; -0.520587 0. 249644 -0.816497; -0.826338 -0.387943 0.408248], [16.8481, 1.06837, 1.47281e-1 6], [-0.479671 -0.572368 -0.665064; -0.776691 -0.0756865 0.625318; 0.408248 -0.816497 0.408248])

svdvals 可以得到奇異值（singular values），依降冪排列。

In [22]:
```
svdvals(A)
```
Out[22]: 3-element Array{Float64,1}:
```
 16.84810335261421
  1.0683695145547103
  1.4728082503977878e-16
```

LU 分解

LU 分解（LU factorization） 是一種很基礎的矩陣分解方式，它將矩陣拆解成**下三角矩陣（lower triangular matrix）**與**上三角矩陣（upper triangular matrix）**。

$$A = LU$$

In [23]:
```
L, U = lu(A)
```

Out[23]:
```
LU{Float64,Array{Float64,2}}
L factor:
3×3 Array{Float64,2}:
1.0       0.0  0.0
0.142857  1.0  0.0
0.571429  0.5  1.0
U factor:
3×3 Array{Float64,2}:
7.0  8.0       9.0
0.0  0.857143  1.71429
0.0  0.0       1.11022e-16
```

QR 分解

QR 分解（QR factorization）可以將矩陣分解為一個**正交矩陣（orthogonal matrix）**及一個上三角矩陣。

In [24]:
```
Q, R = qr(A)
```

Out[24]:
```
LinearAlgebra.QRCompactWY{Float64,Array{Float64,2}}
Q factor:
3×3 LinearAlgebra.QRCompactWYQ{Float64,Array{Float64,2}}:
 -0.123091   0.904534   0.408248
 -0.492366   0.301511  -0.816497
 -0.86164   -0.301511   0.408248
R factor:
3×3 Array{Float64,2}:
 -8.12404  -9.60114   -11.0782
  0.0       0.904534    1.80907
  0.0       0.0        -8.88178e-16
```

Cholesky 分解

如果是實對稱矩陣，且此矩陣為**正定（positive-definite）**，那麼矩陣可以被分解：

$$A = LL^T = U^T U$$

Cholesky 分解（Cholesky factorization）可以將矩陣分解成兩個相同的下三角矩陣（或是其轉置，即兩個上三角矩陣）。

In [25]:
```
A = [4  12  -16;
     12  37  -43;
     -16  -43  98]
cholesky(A)
```

```
Out[25]: Cholesky{Float64,Array{Float64,2}}
         U factor:
         3×3 UpperTriangular{Float64,Array{Float64,2}}:
         2.0 6.0  -8.0
              1.0   5.0
                    3.0
```

舒爾分解

舒爾分解（Schur decomposition）可以將一個複方陣分解，成為一個么正矩陣（unitary matrix）及一個上三角矩陣。

$$A = QUQ^{-1}$$

In [26]:
```
U, Q, vals = schur(A)
```

```
Out[26]: Schur{Float64,Array{Float64,2}}
         T factor:
         3×3 Array{Float64,2}:
           123.477  -7.66054e-15  -8.83674e-16
              0.0     0.018805      3.47459e-16
              0.0     0.0          15.504
         Z factor:
         3×3 Array{Float64,2}:
            0.163007    0.963419    0.212727
            0.457324   -0.26483     0.848952
           -0.874233    0.0410998   0.483764 eigenvalues:
         3-element Array{Float64,1}:
           123.47723179013161
```

```
 0.018804980460813376
15.503963229407585
```

矩陣函數

矩陣函數（matrix function）可將一個矩陣透過函數對應到另一個矩陣。矩陣指數是矩陣函數的基本形式，可以藉由矩陣指數拓展成其他形式。**矩陣指數（matrix exponential）**的定義如下，在 Julia 中可以直接將矩陣當成指數項計算即可。

$$e^A = I + A + \frac{A^2}{2!} + \frac{A^3}{3!} + \cdots$$

```
In  [27]: 2^A
Out[27]: 3×3 Array{Float64,2}:
  3.93335e35   1.10352e36  -2.10952e36
  1.10352e36   3.09598e36  -5.91836e36
 -2.10952e36  -5.91836e36   1.13137e37
```

能夠接受矩陣的函數包含以下的種類。

```
In  [28]: log(A)
Out[28]: 3×3 Array{Float64,2}:
 -3.43622    1.86789   -0.561573
  1.86789    2.70413   -0.756499
 -0.561573  -0.756499   4.31561
```

```
In  [29]: sin(A)
Out[29]: 3×3 Array{Float64,2}:
  0.0049287  -0.02907     0.137932
 -0.02907    -0.0234144   0.409393
  0.137932    0.409393   -0.576505
```

```
In  [30]: cos(A)
Out[30]: 3×3 Array{Float64,2}:
 0.868352   -0.475      0.0211124
```

```
-0.475        -0.756436  -0.182165
 0.0211124    -0.182165  -0.668869
```

```
In [31]: sinh(A)
```

```
Out[31]: 3×3 Array{Float64,2}:
  5.6087e51    1.57355e52  -3.00804e52
  1.57355e52   4.41467e52  -8.43921e52
 -3.00804e52  -8.43921e52   1.61326e53
```

```
In [32]: cosh(A)
```

```
Out[32]: 3×3 Array{Float64,2}:
 5.6087e51    1.57355e52  -3.00804e52
 1.57355e52   4.41467e52  -8.43921e52
 -3.00804e52 -8.43921e52   1.61326e53
```

```
In [33]: tanh(A)
```

```
Out[33]: 3×3 Array{Float64,2}:
  0.0892765  0.250345   -0.0388518
  0.250345   0.931184    0.0106798
 -0.0388518  0.0106798   0.998343
```

2. 函數求根

函數求根是科學運算上常會使用的方法。

```
In [34]: using Roots
```

假設我們有以下的函數要求根。

```
In [35]: f(x) = exp(x) - 3*x^2
```

```
Out[35]: f (generic function with 1 method)
```

我們先將它的圖形畫出來。在尋找函數的根的過程中，我們需要知道根有可能會落在什麼區間內。要尋找根的區間除了將圖形畫出來以外，還可以使用勘根定理（Bolzano's theorem）來尋找，其廣義的版本為中間值定理（intermediate value theorem）。

In [36]:
```
using Plots
plot([f, x -> 0], -3.0:0.1:4.5)
```

Out[36]:

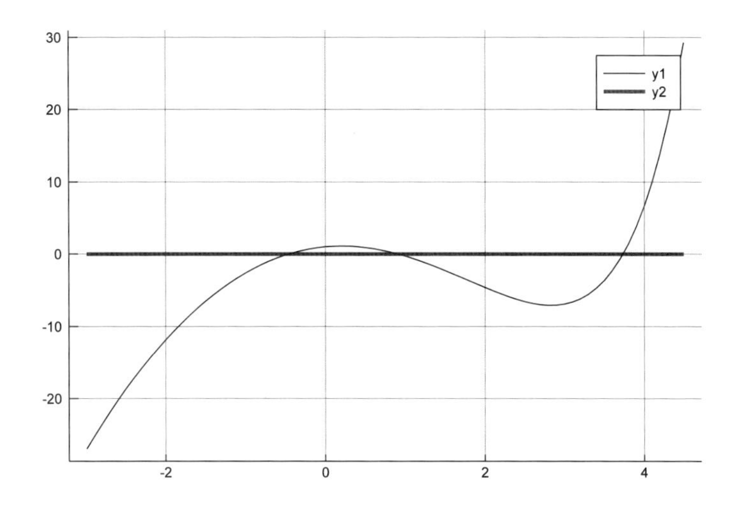

從以上圖形可以觀察到，在 3 跟 4 的區間有一個函數的根存在，我們可以用 find_zero 來尋找根，函式的第一個參數為要求根的函數，第二個參數則是根所存在的區間，第三個參數可有可無，是求根的方法。Bisection 是利用二分法（bisection method）來求根。

In [37]:
```
find_zero(f, (3, 4), Bisection())
```

Out[37]: 3.7330790286328144

In [38]:
```
find_zero(f, (0, 1))
```

Out[38]: 0.910007572488709

另外，也可利用 FalsePosition 假位法（false position method）來求根，

此法比二分法有較少的計算，但較不精準。

```
In  [39]: find_zero(f, (-1, 0), FalsePosition())
Out[39]: -0.4589622675369485
```

更多求根的方法可以參考 Roots.jl 套件說明（https://nbviewer.jupyter.org/github/JuliaLang/Roots.jl/blob/master/doc/roots.ipynb）。

3. 由系統到資料

一般在科學運算的應用上，會將一些假設放在已知的理論或系統之上，藉由模擬的方式找出符合實際現象的結果來應證理論，或是藉由模擬來推論一個系統在不同的情況下會有什麼樣的表現。這是一種可以由理論去產生出資料的方式，可以藉由一個已知的模型或是數學式產生一些符合這些模型的資料。這些由理論模型所產生的資料有一個特色：基本上，這些資料是精準的。由數學式所計算出來的資料，除了電腦導致的誤差外，相較於我們由真實世界所蒐集到的資料，資料是無比精準的。相反的，我們很難將真實蒐集到的資料直接代入模型中求解。如果我們希望用真實世界的資料來估計模型的參數的話，可以用曲線擬合來解。

4. 微分方程求解

我們使用的微分方程套件為 Differential Equations。

```
In  [40]: using DifferentialEquations
```

▸ 常微分方程

馬氏人口成長模型

自古以來，預測人口成長一直是一個重要的議題，馬爾薩斯（Thomas

Malthus）提出了著名的馬氏人口成長模型。該模型假設在沒有任何限制的情況下，人口增加速率會跟目前的總人口數有關係，當總人口愈多而出生率一定的情形下，人口增加速率就跟總人口數有正比關係，因而可以得到一個指數級增長的人口模型。假設 x 為人口數，它是時間 t 的函數，而人口增加速率 dx / dt 如下：

$$\frac{dx}{dt} = f(x, p, t) = ax$$

我們可以將它化成程式的函式來表達，而初始條件 x0 為 t = 0 時的總人口數，也就是在某個起始的時間點的總人口數，而我們還需要設定要求解的時間區間 tspan。p 一般為給定的微分方程參數，在這邊並沒有用上。

```
In  [41]: a  = 1.01
          f(x,  p,  t) = a*x x0  = 0.5
          tspan = (0.0,  1.0)
Out[41]: (0.0, 1.0)
```

我們希望將它作為一個微分方程的問題來解。把剛剛設定的參數放入 ODEProblem 中，它會將這些參數重新包裝成一個常微分方程問題。

```
In  [42]: prob  = ODEProblem(f,  x0,  tspan)
Out[41]: ODEProblem  with  uType Float64 and  tType  Float64.  In-place: false
         timespan: (0.0, 1.0)
         u0:  0.5
```

微分方程的解法非常多種，我們一開始會建議使用 Tsit5 來解。將問題 prob 及求解方法放到 solve 函式中，它會開始計算並回傳解出來的時間及模型。

```
In  [43]: sol = solve(prob,  Tsit5())
```

```
Out[43]: retcode: Success
         Interpolation: specialized 4th order "free" interpolation t: 5-element
         Array{Float64,1}:
          0.0
          0.09964258706516003
          0.345703060532728
          0.6776923233702694
          1.0
         u: 5-element Array{Float64,1}:
          0.5
          0.552938681151017
          0.708938079821087
          0.99135958297403
          1.372800440903808
```

我們可以簡單使用繪圖套件 Plots 將解出來的圖形繪製出來。

```
In  [44]: using Plots
          plot(sol)
Out[44]:
```

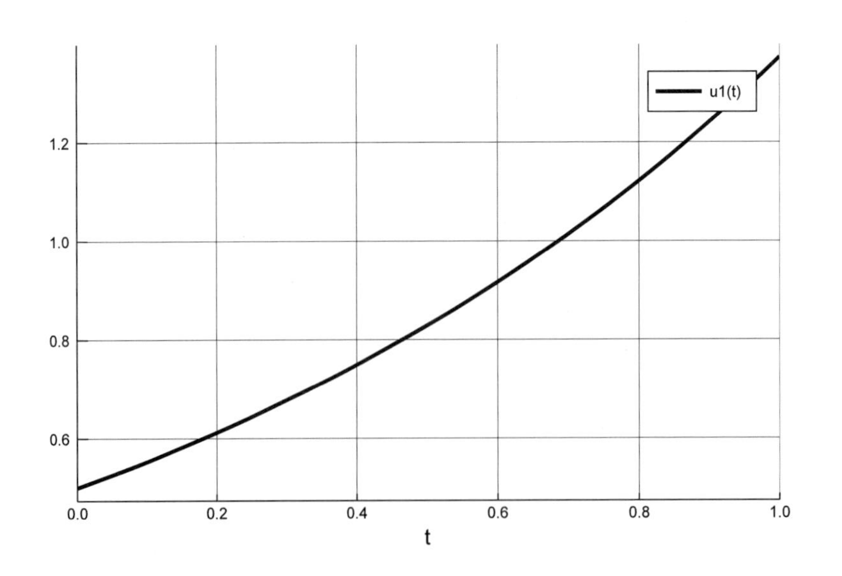

圖呈現一個類似指數函數增長的曲線，這代表人口增長的走勢。

人口成長模型

1840 年比利時數學家威爾霍斯特（Verhulst）修正了人口成長模型，假設人口成長不能超過由環境所決定的某個最大容量 M，修正後的模型稱為 Logistic 模型：

$$\frac{dx}{dt} = \lambda x(M - x)$$
$$\lambda, M > 0$$

我們可以將公式展開，變成比較一般的形式。

$$\frac{dx}{dt} = kx - cx^2$$

In [45]:
```
k = 2.0
c = 1.0
f(x, p, t) = k*x - c*x^2
x0 = 0.1
tspan = (0.0, 4.0)
```

Out[45]: (0.0, 4.0)

In [46]:
```
prob = ODEProblem(f, x0, tspan)
sol = solve(prob, Tsit5())
```

Out[46]:
```
retcode: Success
Interpolation: specialized 4th order "free" interpolation t: 13-element
Array{Float64,1}:
 0.0
 0.0783623266098766
 0.22894459257561758
 0.41847075393382527
 0.6558843455378224
 0.9425459248899518
 1.2904532078139062
 1.7482757781860918
 2.2041265492084454
```

```
 2.7652690669798035
 3.280794153657464
 3.867255987464364
 4.0
u: 13-element Array{Float64,1}:
 0.1
 0.11598338503243966
 0.1536129713556747
 0.21674048906446097
 0.32692984577708223
 0.5148688255979592
 0.8202102975753391
 1.2692579495127292
 1.6242373816260334
 1.8599060554216826
 1.9476631863386054
 1.9834781110180808
 1.9873060415586903
```

In [47]:
```
plot(sol)
```

Out[47]:

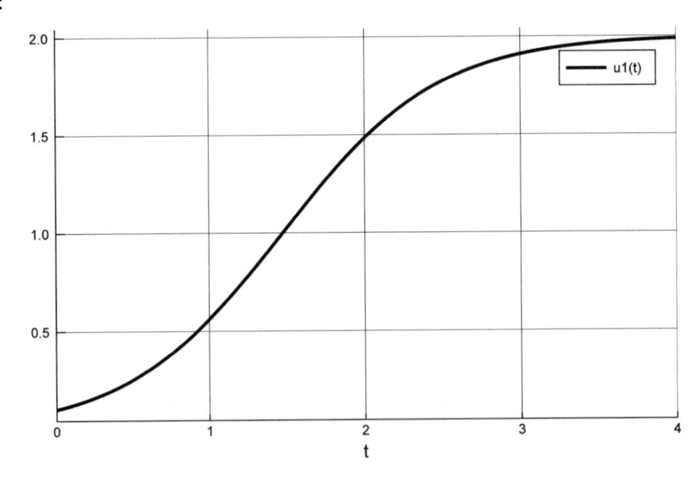

我們可以看到透過模型計算出來的人口數會逼近設定的上限 k。

放射物質衰變模型

在放射性物質的衰變上，也可以用上微分方程。我們都知道放射性物質衰變有其半衰期（half-life），在這邊我們考慮簡單的一級反應半衰期，它是個定值。模型如下：

$$\frac{dN}{dt} = -\lambda N$$

在化學當中，λ 就相當於這個反應的反應速率常數，而 dN/dt 則是反應當中某個反應物的反應速率。我們可以將之化成以下的程式。

```
In  [48]:  λ  = 2.0
          f(x,  p,  t) = - λ *x
          x0  = 0.1
          tspan = (0.0,  4.0)
Out[48]: (0.0, 4.0)
```

```
In  [49]:  prob  = ODEProblem(f,  x0,  tspan)
          sol = solve(prob,  Tsit5())
Out[49]: retcode:  Success
         Interpolation:  specialized 4th  order "free" interpolation
         t: 16-element Array{Float64,1}:
          0.0
          0.07593679730799203
          0.21293757883136283
          0.3755074983589982
          0.575483841734353
          0.8029605330638224
          1.0599178116237815
          1.3406242820735963
          1.6439801781508117
          1.9671069404406605
          2.309861555897035
          2.6733190126536
          3.0617634320665355
```

```
3.48232569078193
3.945376309676044
4.0
u: 16-element Array{Float64,1}:
0.1
0.08590968692420049
0.06531979193185027
0.04718874524178892
0.03163308147170854
0.020070515973026767
0.012005220513760188
0.006847863774759602
0.0037331006021631965
0.0019562084392931935
0.0009856377414692301
0.00047648084052148026
0.00021912152897621425
9.450582133279246e-5
3.744567151709402e-5
3.357036697072316e-5
```

In [50]:
```
plot(sol)
```

Out[50]:

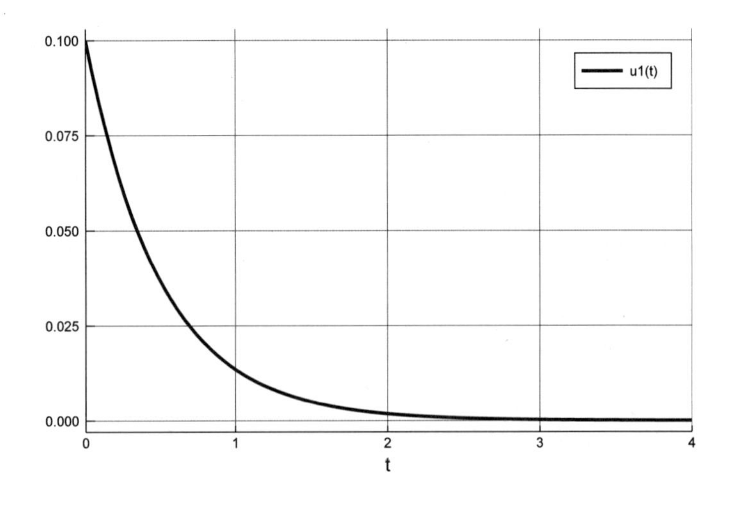

常用的求解方法

- AutoTsit5(Rosenbrock23()) 可以處理剛性（stiff）及非剛性（non-stiff）方程。如果你對方程一無所知，這會是一個好的選擇。
- BS3() 用在非剛性快速而低準確度的情況。
- Tsit5() 用在標準的非剛性。在多數的情況下，這是個第一次嘗試的演算法。
- Vern7() 用在高準確度的非剛性方程。
- Rodas4() 用在剛性方程。
- radau() 用在高準確度的剛性方程（需要額外安裝 ODEInterface DiffEq.jl）。

小叮嚀

剛性方程（stiff equations）：一個微分方程的數值解，只有在時間間隔很小的情形下才會穩定，只要時間間隔略大，其解就會不穩定。

掠食者 - 獵物方程

掠食者－獵物方程，又稱洛特卡 - 沃爾泰拉方程（Lotka-Volterra equation），是一個二元一階非線性微分方程組。它通常用來描述生物系統中，掠食者與獵物之間的動態關係，掠食者會捕食獵物，獵物會因為掠食者變多而減少。掠食者會因為獵物的減少，缺乏食物而死亡。這個模型是模擬兩者族群規模的消長關係。模型如下：

$$\frac{dx}{dt} = x(\alpha - \beta y)$$
$$\frac{dy}{dt} = -y(\gamma - \delta x)$$

我們把 x 跟 y 變數組合成 u 輸入函式中，並將參數 α 、β 、δ 及 γ 組合成 p 輸入函式。

In [51]:
```
function lotka_volterra(du, u, p, t)
    x, y = u
    α, β, γ, δ = p
    du[1] = dx = α *x - β *x*y du[2] = dy = - γ *y + δ *x*y
end
```

Out[51]: lotka_volterra (generic function with 1 method)

In [52]:
```
u0 = [1.0, 1.0]
tspan = (0.0, 10.0)
p = [1.5, 1.0, 3.0, 1.0]
```

Out[52]:
```
4-element Array{Float64,1}:
 1.5
 1.0
 3.0
 1.0
```

In [53]:
```
prob = ODEProb1em(1otka_vo1terra，u0， tspan，p)
sol = solve(prob，Tsit5())
```

Out[53]:
```
retcode: Success
Interpolation: specialized 4th order "free" interpolation
t: 34-element Array{Float64,1}:
  0.0
  0.0776084743154256
  0.2326450794816129
  0.42911824302655266
  0.6790823761265359
  0.9444056754742809
  1.267460545618635
  1.6192902365138233
  1.986974824776666
  2.264089395454819
  2.5125445246329043
  2.7468249069977384
  3.0380012328268204
```

```
  ⋮
 6.455760804424746
 6.78049540392788
 7.171038470218247
 7.584858123129979
 7.978062802817704
 8.483159018322295
 8.71924307105491
 8.949200535880767
 9.200179173240276
 9.43801633427561
 9.711797056033772
 10.0
u: 34-element Array{Array{Float64,1},1}: [1.0, 1.0]
 [1.04549, 0.857668]
 [1.17587, 0.63946]
 [1.41968, 0.456996]
 [1.87672, 0.324733]
 [2.58825, 0.263362]
 [3.86071, 0.279446]
 [5.75081, 0.522006]
 [6.81498, 1.91778]
 [4.39301, 4.19467]
 [2.10088, 4.31696]
 [1.24228, 3.10738]
 [0.958273, 1.76616]
  ⋮
 [0.952206, 1.43835]
 [1.10046, 0.752663]
 [1.59911, 0.390319]
 [2.61424, 0.26417]
 [4.24104, 0.305121]
 [6.79111, 1.1345]
 [6.26541, 2.74165]
 [3.78084, 4.43114]
 [1.81645, 4.06409]
 [1.14652, 2.79124]
 [0.9558, 1.6236]
 [1.03376, 0.906371]
```

In [54]:
```
plot(sol)
```
Out[54]:

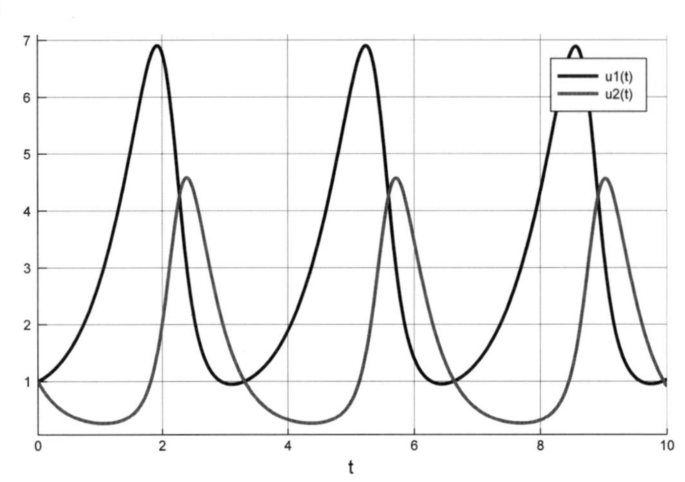

傳染病擴散模型

傳染病擴散模型中最著名的就是 SIR 模型了。它是最單純的隔室模型（compartmental models），並且有多種衍生模型。模型當中描述了三種群體：S 代表易感（susceptible）人口的數量、I 代表受感染（infectious）人口的數量，以及 R 代表復原（recovered）（或是免疫）人口的數量。這個模型合理地描述了傳染病會由人傳染給其他人，而那些從疾病中復原的人有抵抗力，不會再被感染。

$$\frac{dS}{dt} = -\beta\frac{IS}{N}$$
$$\frac{dI}{dt} = \beta\frac{IS}{N} - \gamma I$$
$$\frac{dR}{dt} = \gamma I$$

In [55]:

```
function sir(du, u, p, t)
    s, i, r = u β, γ, N = p
    du[1] = ds = - β *i*s/N
    du[2] = di = β *i*s/N - γ *i du[3] = dr = γ *i
end
```

Out[55]: sir (generic function with 1 method)

In [56]:

```
u0 = [9.5， 0.5， 0.0]
tspan = (0.0， 0.5)
p = [50.0， 10.0， 10]
```

Out[56]: 3-element Array{Float64，1}:

```
50.0
10.0
10.0
```

In [57]:

```
prob = ODEProblem(sir, u0, tspan, p)
sol = solve(prob, Tsit5())
```

Out[57]: retcode: Success

Interpolation: specialized 4th order "free" interpolation t: 19-element Array{Float64,1}:

```
0.0
0.0002825377260723975
0.0024659426190038487
0.007655760200111939
0.015655860201583115
0.026036889312455777
0.03980868711052944
0.056889050579542993
0.07869177175277438
0.10063091198260019
0.12754948733387206
0.157061161326156
0.18684088009042987
0.22572066961355677
0.27484311172723
0.3228515030865613
0.38410467599299297
0.4498071706904322
0.5
```

```
u: 19-element Array{Array{Float64,1},1}:
 [9.5, 0.5, 0.0]
 [9.49326,  0.505323, 0.0014202]
 [9.43885,  0.548238, 0.0129162]
 [9.29198,  0.66374, 0.0442804]
 [9.01042,  0.883757, 0.105819]
 [8.52742,  1.25657, 0.21601]
 [7.65347,  1.91426, 0.432265]
 [6.23045,  2.92586, 0.843685]
 [4.22182,  4.15614, 1.62204]
 [2.56382,  4.8166, 2.61957]
 [1.33565,  4.74068, 3.92367]
 [0.694259,  4.07372, 5.23202]
 [0.401844,  3.27269, 6.32547]
 [0.233343,  2.35418, 7.41247]
 [0.146248,  1.50677, 8.34698]
 [0.109274,  0.960795, 8.92993]
 [0.0874255, 0.536415, 9.37616]
 [0.0767111, 0.285613, 9.63768]
 [0.072472,  0.176158, 9.75137]
```

In [58]:
```
plot(sol)
```

Out[58]:

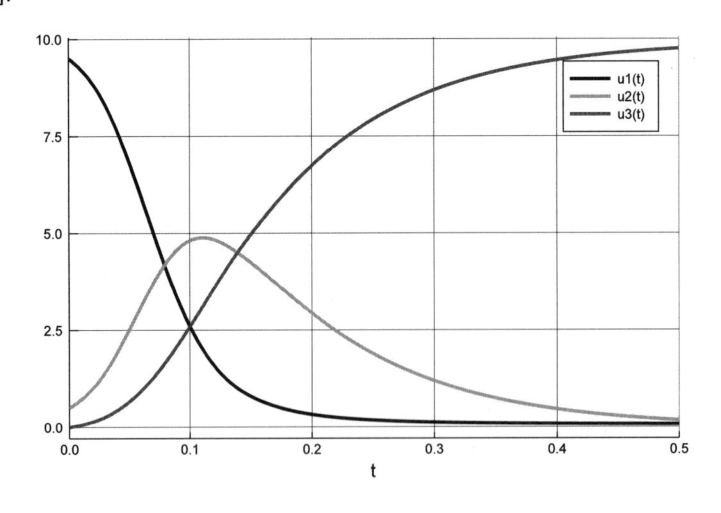

狀態空間模型

在工程領域，有不少會用到狀態空間模型（state-space model）（或狀態空間表示法，state-space representations）。一般來說，最簡單的狀態空間模型會寫成以下的形式：

$$\dot{x}(t) = Ax(t)$$

在系統當中，x 為系統中的變數所形成的向量，等號左邊為變數的微分項，右邊的 A 為矩陣。

$$\begin{bmatrix} \frac{dx_1}{dt} \\ \frac{dx_2}{dt} \\ \frac{dx_3}{dt} \end{bmatrix} = \begin{bmatrix} a_{11} & a_{12} & a_{13} \\ a_{21} & a_{22} & a_{23} \\ a_{31} & a_{32} & a_{33} \end{bmatrix} \begin{bmatrix} x_1 \\ x_2 \\ x_3 \end{bmatrix}$$

模型的差別在於以矩陣的形式來描述整個系統，解法上大同小異。

In [59]:
```
A= [1.  0   0   -5
    3   -7  4   -3
    -1  5   0   2
    9   -2  8   3]
x0 = rand(4, 2)
tspan = (0.0, 1.0)
```

Out[59]: (0.0, 1.0)

In [60]:
```
f(x, p, t) = A*x
prob = ODEProblem(f, x0, tspan)
sol = solve(prob)
```

Out[60]:
```
retcode: Success
Interpolation: Automatic   order switching interpolation
t : 16-element Array{Float64,1}:
  0.0
  0.0029599860535725274
```

```
 0.019415566593769053
 0.04844556539668606
 0.08549697134827633
 0.1332436980542138
 0.18993848626706994
 0.25438736075060586
 0.3300022880073222
 0.4243855381846368
 0.532616104903132
 0.6423722118858752
 0.7531007849494944
 0.8718140252195039
 0.9938420041795848
 1.0
u: 16-element Array{Array{Float64,2},1}:
 [0.359206 0.959316; 0.930932  0.596147; 0.134912  0.934747; 0.0925217 0.0148503] [0.358839 0.96161; 0.915806  0.603027; 0.148086  0.940998; 0.100829  0.0594259] [0.35427 0.96208; 0.838324  0.633268; 0.21848 0.982248; 0.155298  0.31746] [0.332925 0.907927; 0.723449  0.654328; 0.334064  1.08146; 0.283412  0.81365] [0.272602 0.723909; 0.602875 0.623003; 0.473912  1.25598; 0.499385  1.51572] [0.122958 0.27005; 0.465955 0.488732; 0.655294  1.55746; 0.847733  2.50644]
 [-0.185334 -0.622213; 0.300425  0.196863; 0.888236  2.01969; 1.3282 3.73103] [-0.733376 -2.12327;  0.0822433  -0.29267; 1.18724  2.66022; 1.89237  5.01522] [-1.64709 -4.48046;  -0.22469 -1.02363;  1.58034 3.50581; 2.43876  6.02698]
 [-3.09679 -7.94131;  -0.646416 -1.98263;  2.08789  4.52766; 2.64591 5.82239] [-4.78038 -11.4318;  -1.02516 -2.66736;  2.55591  5.26751; 1.74921  2.54055]
 [-5.71491 -12.3755;  -1.00889 -2.18139;  2.69816  5.04746; -0.758501 -4.59325] [-4.86372  -8.37843;  -0.269882 0.183782; 2.32846  3.52141; -4.66802 -14.3926] [-1.15946 2.6682; 1.48447  4.90231; 1.39268  0.759725; -8.93293 -23.3936] [5.2101 18.8959; 3.96151  10.7447; 0.355354  -1.72036; -10.3853 -23.2079] [5.56193 19.723; 4.08703  11.0142; 0.318632  -1.78754; -10.3109 -22.783]
```

In [61]:
```
plot(sol)
```

Out[61]:

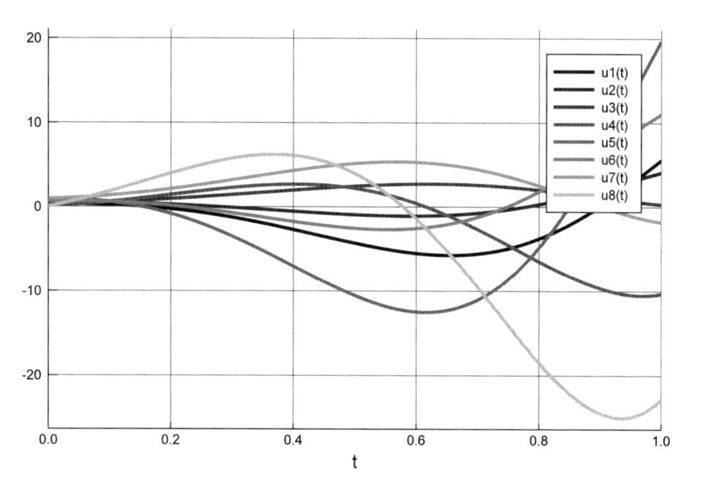

▶ 隨機微分方程

隨機微分方程（Stochastic Differential Equations）可以將它化成以下的形式：

$$du = f(u, p, t)dt + g(u, p, t)dW$$

等號右邊的部分，左項是跟時間有關，右項則是跟隨機變數 W 有關。在設定上會分成兩個函數分別定義，我們先假設簡單的形式。

In [62]:
```
α = 5.0
β = 2.0
f(u, p, t) = α *u
g(u, p, t) = β *u
```

Out[62]: g (generic function with 1 method)

這次我們使用 SDEProblem 來解這個方程，使用上與 ODEProblem 沒有太大差異，唯獨要注意的是它需要兩個函數，分別是以上的 f 及 g。

In [63]:
```
u0 = 0.5
tspan = (0.0, 1.0)
prob = SDEProblem(f, g, u0, tspan)
```

Out[63]:
```
SDEProblem with uType Float64 and tType Float64. In-place: false
timespan: (0.0, 1.0)
u0: 0.5
```

求解演算法這邊用的是 Euler-Maruyama 演算法 EM()，並需要設定求解的時間間隔 dt。

In [64]:
```
sol = solve(prob, EM(), dt=0.0625)
```

Out[64]:
```
retcode: Success
Interpolation: 1st order linear t: 17-element Array{Float64,1}:
 0.0
 0.0625
 0.125
 0.1875
 0.25
 0.3125
 0.375
 0.4375
 0.5
 0.5625
 0.625
 0.6875
 0.75
 0.8125
 0.875
 0.9375
 1.0
u: 17-element Array{Float64,1}:
 0.5
 0.3187340032543197
 0.2399709305627728
 0.3055399949503035
 0.4336886200453428
 0.48264399292639854
 0.683039323921094
 0.886699780005582
```

```
0.9057897039161592
0.781369679658172
1.0355685725931152
0.7464156192741166
0.9338822145608633
1.0139522851579665
1.8618139370134914
2.1115074428190477
2.5684512762711984
```

In [65]:
```
plot(sol)
```

Out[65]:

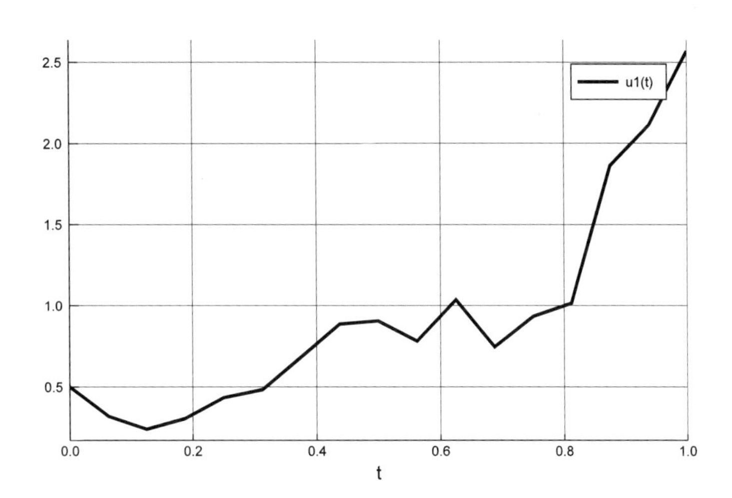

▸ 更多方程類型

DifferentialEquations 套件還提供了其他不同類型的微分方程，如果有需要請自行參考官方說明（http://docs.juliadiffeq.org/latest/）。

- Random Ordinary Differential Equations
- Delay Differential Equations
- Differential Algebraic Equations
- Discrete Stochastic Equations
- Jump Diffusion Equations

▸ 繪製動畫

在 Plots 繪圖套件中，還可以繪製 gif 動畫。在這邊示範帶有雜訊的勞倫茲吸引子（Lorenz attractor）。

In [66]:
```
using Plots
```

我們可以自行定義資料結構來代入方程式的變數與參數。

In [67]:
```
mutable struct Lorenz
    x::Float64
    y::Float64
    z::Float64
end
```

In [68]:
```
struct Param
    σ::Float64
    ρ::Float64
    β::Float64
end
```

將勞倫茲吸引子的計算寫在 step! 中，這邊的函式可以自行定義。

In [69]:
```
function step!(l::Lorenz, p::Param, dt)
    l.x += dt * (p.σ*(l.y - l.x)) + randn()
    l.y += dt * (l.x*(p.ρ - l.z) - l.y) + randn()
    l.z += dt * (l.x*l.y - p.β*l.z) + randn()
end
```

Out[69]: step! (generic function with 1 method)

給定初始值，以及方程式的參數。

In [70]:
```
l = Lorenz(1., 1., 1.)
p = Param(10., 28., 8//3)
```

Out[70]: Param(10.0, 28.0, 2.6666666666666665)

這邊我們使用 plot3d 繪製 3D 動畫，xlim、ylim 及 zlim 代表動畫框的邊界。繪製 gif 動畫需要使用 @gif 及 for 迴圈來繪製。每次迴圈會執行一次 step!，計算出下一個資料點的位置，並且把計算出來的結果利用 push! 更新到圖 plt 上。

In [71]:
```
plt = plot3d(1, xlim=(-25,25), ylim=(-25,25), zlim=(0,50), marker = 2)
dt = 0.01
@gif for i=1:1500 step!(l, p, dt)
push!(plt, l.x, l.y, l.z)
end every 10
```

```
┌ Info: Saved animation to
│ fn = /home/pika/Google Drive/Sync/julia-data-sci-sci-comp/notebook/
│ tmp.gif
└ @ Plots /home/pika/.julia/packages/Plots/oiirH/src/animation.jl:90
```

Out[71]:

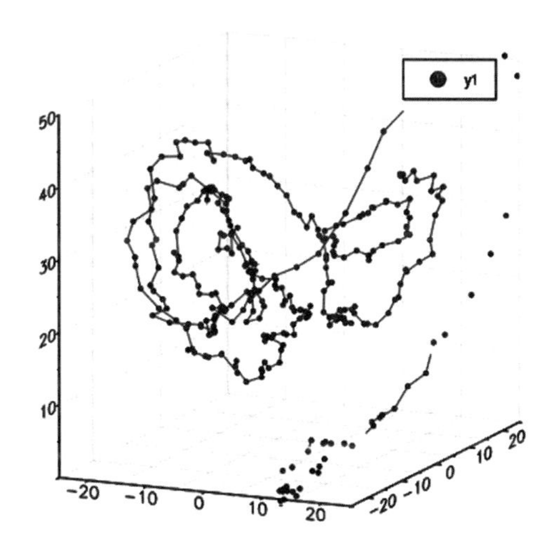

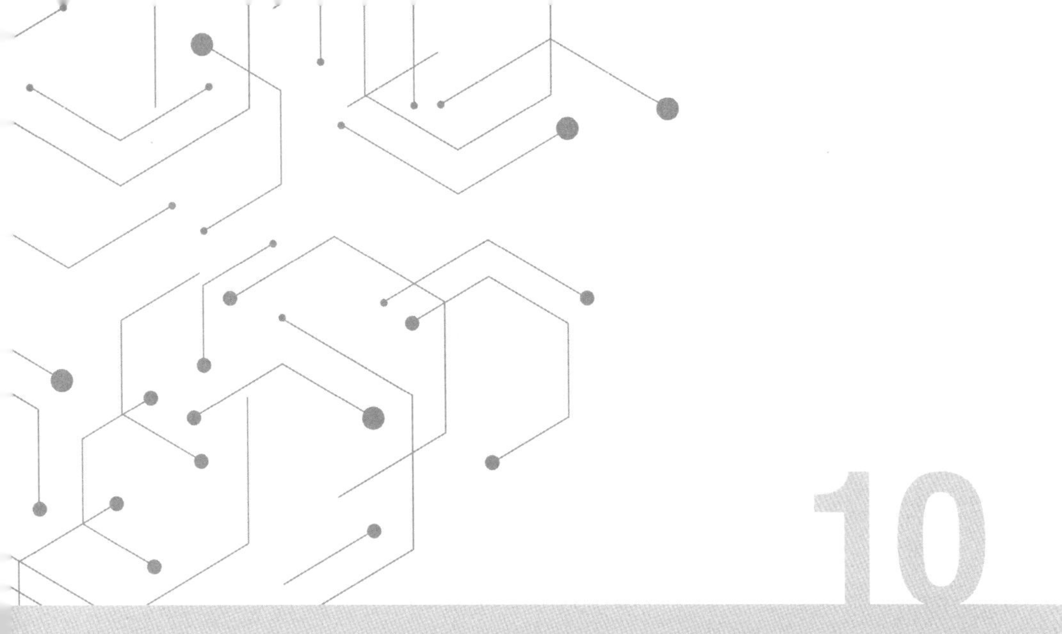

10 機器學習：由雜訊資料建立關係

1. **機器學習技術介紹**
    - 機器學習的類型
    - 迴歸問題與線性模型
    - 分類問題與線性模型
    - 訓練與測試
2. **線性迴歸**
    - 單純線性迴歸
    - 多元線性迴歸
    - 評估模型
3. **分類模型**
    - 邏輯迴歸
    - 準確度
    - 單純貝式分類器
    - 決策樹與隨機森林
    - 支撐向量機
    - 類神經網路模型介紹
4. **分群分析**
    - k-means
    - k-medoids
    - 階層式分群法
    - DBSCAN
5. **降維演算法**
    - 主成分分析

1. 機器學習技術介紹

機器學習（machine learning）是**人工智慧**（artificial intellegence，AI）技術的一個分支。機器學習是一個跨多個領域的領域，包含機率論、統計學、最佳化理論、電腦科學等等，希望透過數學或統計的基礎建構一個可以自動從資料當中分析及歸納的模型，利用模型對未知資料進行預測。要建構一個機器學習**模型**（model）需要設計**學習演算法**（learning algorithm），透過學習演算法可以讓模型在資料中尋找**模式**（pattern），並學習這樣的模式。機器學習技術已經被廣泛運用在資料探勘、電腦視覺、自然語言處理、搜尋引擎、醫學影像、生物序列分析、生物特徵辨識、語音辨識及聊天機器人等等。

在機器學習的技術上，本章節只會介紹基本的機器學習模型使用方式。

▸ 機器學習的類型

機器學習可以分成幾種不同的類型，第一種是所謂**監督式學習**（supervised learning），是希望提供給模型有標準答案的方式進行學習，在訓練的過程中會給予資料，資料中包含一些用來預測的**特徵**（features），以及相對應的**標籤**（labels）。我們希望讓模型學會如何透過這些特徵來預測這些標籤或是標準答案。

非監督式學習（unsupervised learning）則是希望模型可以自動在這些特徵中學習，而不給予標準答案，不過多半非監督式學習面對的是那些連人類也不曉得正確答案的任務，而人類則可以透過學習的結果加以辯證或是做出決定。**半監督式學習**（semi-supervised learning）處理的是部分有標籤而部分沒有標籤的資料，希望透過有標籤的資料去幫助模型學習無標籤的資料。最後，**強化學習**（reinforcement learning）則是當資料並不是以批次的方式進來，而是以一次學習一筆資料的方式進行，這種學習方式又稱為**線上學習**（online learning）。

▸ 迴歸問題與線性模型

迴歸問題（regression problem）是一個常見的問題類型，它可以用**迴歸模型（regression model）**這樣監督式的學習方式來學習。迴歸模型最大的特色就是，它預測的是一個連續的數值，所以標籤是一個連續型的數值。像是長度、重量、體積等等可測量的物理量，大多可以作為迴歸問題的標籤。我們知道一個人的身高跟他的腳的大小是有關係的，因此可以建立一個模型來利用身高去預測他的腳的大小。在這邊，身高就是我們輸入的特徵，而腳的長度就是要預測的標籤。要預測這樣的結果，我們最好可以知道特徵跟標籤之間的關係，可惜的是，我們大多數時候並不知道兩者之間的關係，所以會以迴歸模型來學習特徵與標籤之間的關係。

最簡單的迴歸模型便是**線性迴歸（linear regression）**了。線性迴歸是以線性模型來預測標籤，我們會假設給予模型的特徵 x 跟要預測的標籤 y 之間的關係是線性的，所以可以用一條斜直線的數學式來描述它，即 y=mx+b。不過，以數學式預測出來的結果，我們往往會記成 $\hat{y}$。

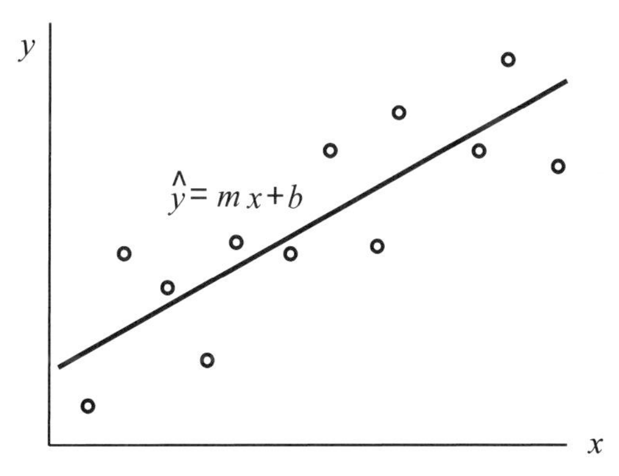

圖 10-1　線性迴歸模型

我們會假設 x 與 y 之間的關係是線性的，所以可以透過這條直線來預測結果。如果我們有一個已經學習了資料模式的模型，就可以將 x 放入模型中，經由計算，得出預測結果 y。也就是，將 x 代入 $\hat{y}$=mx+b 可以獲得

預測結果 $\hat{y}$。可是，我們要怎麼知道線性模型的係數？我們會將資料（包含特徵與標籤）跟模型放入學習演算法中，讓學習演算法根據資料去找到這些線性模型參數。如此，我們就得到了學習完成的線性模型了！

▶ 分類問題與線性模型

相對迴歸問題，分類問題是將事物分門別類。例如：要分類水果，我們可以透過水果的顏色、形狀或是表面質地來判斷這是什麼樣的水果。蘋果是紅色、圓形而平滑的，橘子是橘色、圓形而粗糙的，香蕉是黃色、長條形而平滑的。水果的類別是我們要預測的目標，也就是標籤，而水果的顏色、形狀或是表面質地則是特徵。像這樣的問題，稱為分類問題，分類問題最大的特色就是要預測的標籤是離散的，它可以是類別或是 1、2、3 這樣的數字。

我們可以將蒐集來的資料點，根據它們的特徵畫在二維的座標平面上，然後根據不同的類別上不同的顏色。問題就會變成要如何在平面上找到一條線可以將這兩種不同的類別區分開。我們介紹最簡單的分類模型，是線性的、二元的模型。線性模型指的是我們會以一條直線的方式區分開這兩種不同的類別，而二元指的是只處理兩個類別。這樣的線性二元分類模型，稱為**感知器（perceptron）**。

要如何利用一條直線來分類呢？如果一個資料點正好位於線上，我們把座標代入直線中，會發現計算出來的結果會剛好符合這條直線，所以結果等於 0。如果資料點不在直線上，那麼計算出來要不為正，要不為負。我們就可以利用計算結果的正或負來把資料區分開。在線的同側資料會同為正或同為負。如此一來，我們就可以將一個類別定為正，另一個類別定為負。依最後運算出來的結果是正或負，就可得知類別為何。

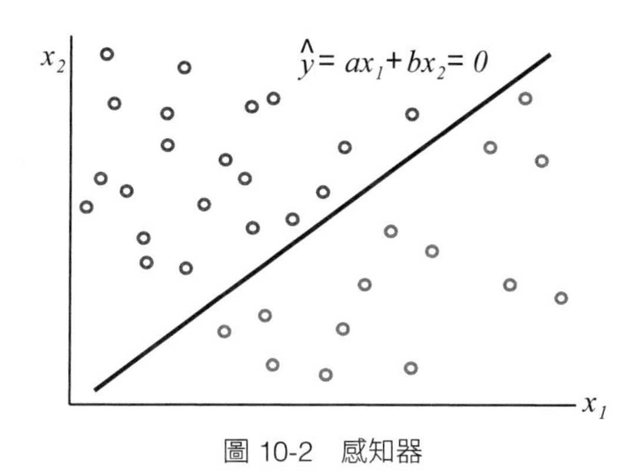

圖 10-2　感知器

▶ 訓練與測試

在機器學習的任務當中，我們一般會將資料集初步分為**訓練資料集**（**training data**）與**測試資料集**（**testing data**）。在機器學習模型在學習的過程，我們稱為**訓練**（**train**），而已經訓練好的模型，我們會**測試**（**test**）這個模型。將資料分成兩個資料集是因為機器學習模型在學習當中，模型會看過訓練資料集。如果再用同樣的資料集去測試這個模型做的好不好，模型一般會做的比較好，這樣無法測試出模型的效能。因此，我們需要測試資料集，這些資料集並不會讓模型看過，到要測試的時候才將測試資料集輸入訓練好的模型，接著模型會給出一系列的預測值。我們可以比較預測值與訓練資料之間的差距來得知模型預測得多好。

In [1]:
```
using MLDataUtils
```

假設有資料 X 跟 Y，我們可以用 shuffleobs 來將資料打散。它會幫我們將資料重新洗牌之後回傳新的順序。

In [2]:
```
X = collect(1:10)
Y = collect(11:20)
X, Y = shuffleobs((X, Y))
```

Out[2]: ([7, 9, 2, 5, 10, 8, 4, 6, 1, 3], [17, 19, 12, 15, 20, 18, 14, 16, 11, 13])

我們可以透過 splitobs 來切分資料集。一般我們會切分成訓練資料及測試資料，並可藉由參數 at 來決定切分的比例。

```
In  [3]: (train_X, train_Y), (test_X, test_Y) = splitobs((X, Y); at = 0.8)
Out[3]: (([7, 9, 2, 5, 10,  8, 4, 6], [17, 19,  12,  15,  20,  18,  14,  16]), ([1, 3], [11,
        13]))
```

train_X 和 train_Y 為訓練資料的特徵及標籤；test_X 和 test_Y 則是測試資料的特徵及標籤。

2. 線性迴歸

線性迴歸是最簡單的機器學習模型。迴歸模型是要預測連續型的數值，而線性則代表這個迴歸模型是以線性模型來做計算的。以下我們會介紹單純線性迴歸模型及多元線性迴歸模型。

▶ 單純線性迴歸

我們考慮最簡單形式的線性迴歸，只有一個特徵，也只要預測一個目標。單純線性迴歸（simple linear regression）的公式如下：

$$Y = w_0 + w_1X$$

我們會用資料分別對應 X 跟 Y，來找出最符合的線，也就是找到這條線確切的未知係數，同時也是最符合這些資料的模型。這邊我們會使用到 GLM 這個套件。

```
In  [4]: using GLM, RDatasets, Gadfly

         ┌ Info: Loading DataFrames support into Gadfly.jl
         └ @  Gadfly /home/pika/.julia/packages/Gadfly/09PWZ/src/mapping.jl:228
```

我們採用的資料集是在 RDatasets 套件中的 longley。

In [5]:
```
data = RDatasets.dataset("datasets", "longley")
first(data, 6)
```

Out[5]: 6 rows × 8 columns

	Year	GNPDeflator	GNP	Unemployed	ArmedForces	Population	Year_1	Employ
	Int64	Float64	Float64	Float64	Float64	Float64	Int64	Float6
1	1947	83.0	234.289	235.6	159.0	107.608	1947	60.323
2	1948	88.5	259.426	232.5	145.6	108.632	1948	61.122
3	1949	88.2	258.054	368.2	161.6	109.773	1949	60.171
4	1950	89.5	284.599	335.1	165.0	110.929	1950	61.187
5	1951	96.2	328.975	209.9	309.9	112.075	1951	63.221
6	1952	98.1	346.999	193.2	359.4	113.27	1952	63.639

在資料集中，我們可以將 GNP 和 Employed 畫在圖上，並發現資料點排列互相靠近，似乎背後有一條隱形的線。這樣的資料點呈現了正相關，而我們想找出在這相關性背後的那條線。如此，我們就可以利用這條趨勢線來做預測。

In [6]:
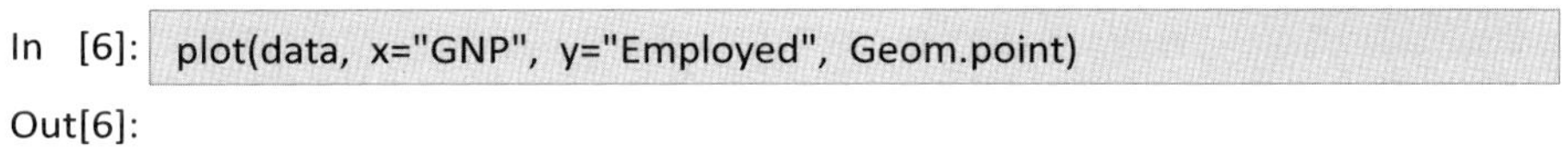

```
plot(data, x="GNP", y="Employed", Geom.point)
```

Out[6]:

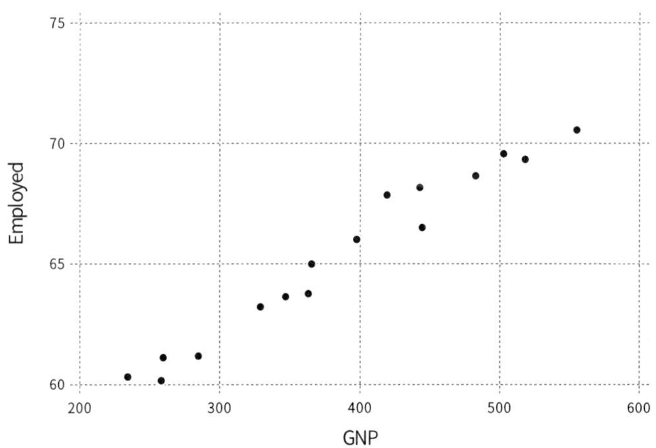

我們使用 GNP 作為 X，Employed 作為 Y，所以線性迴歸的公式就變成了 @formula(Employed ~ GNP) ，當中省略了常數項跟各變數的係數項。使用 lm 函式可以幫助我們找出當中的係數，將公式作為第一個參數，資料放在第二個參數。切記，公式中的變數名稱需要對應資料中的欄位名稱。

```
In  [7]: model = GLM.lm(@formula(Employed ~ GNP), data)
```

```
Out[7]:StatsModels.DataFrameRegressionModel{LinearModel{LmResp{Array{Float64,1}
},DensePredChol{Float64,LinearAlgebra.Cholesky{Float64,Array{Float64,2}}}},Arr
ay{Float64,2}}

Formula: Employed ~ 1 + GNP
Coefficients:
```

	Estimate	Std.Error	t value	Pr(>|t|)
(Intercept)	51.8436	0.681372	76.0871	<1e-19
GNP	0.0347523	0.00170571	20.3741	<1e-11

訓練完之後，我們會得到關於模型的報告，並可以透過 coef 來獲得模型的係數。

```
In  [8]: intercept, slope = coef(model)
```

```
Out[8]: 2-element Array{Float64,1}:
 51.84358978188405
 0.03475229434762927
```

接著，我們就可以利用前面章節學過的繪圖技巧，將這條趨勢線繪製在圖表上。

```
In  [9]: plot(data, x="GNP", y="Employed", Geom.point,
         intercept=[intercept], slope=[slope], Geom.abline(color="black",
         style=:dash))
```

```
Out[9]:
```

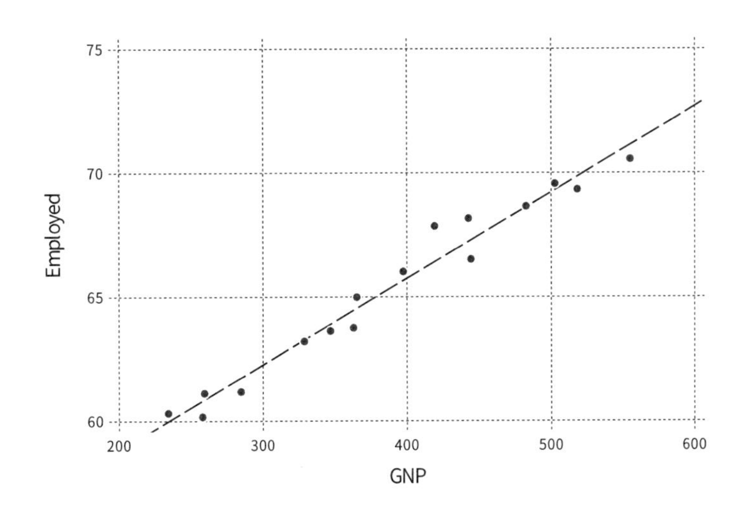

我們可以理解找到的直線的確符合所設想的，雖然並不是所有資料點都在線上，但是相對來說，已經算是不錯的了。我們可以試著造出一些數值，放入模型當中預測看看。

```
In  [10]: new_X = DataFrame(GNP=[300., 400., 500.])
```

Out[10]: 3 rows × 1 columns

	GNP
	Float64
1	300.0
2	400.0
3	500.0

要利用訓練好的模型進行預測，可以使用 predict 函式，第一個參數為模型，第二個參數為新的特徵。

```
In  [11]: predict(model, new_X)
```

```
Out[11]: 3-element Array{Union{Missing, Float64},1}:
 62.26927808617283
 65.74450752093576
 69.21973695569868
```

可以檢查看看預測出來的數值是否與圖上的結果相符。

▶ 多元線性迴歸

我們再進一步擴展，將輸入的特徵擴展到多個，就成為了多元線性迴歸（multiple regression）。這邊我們採用的資料集是 mtcars。

In [12]:
```
data = RDatasets.dataset("datasets", "mtcars")
first(data, 6)
```

Out[12]: 6 rows × 12 columns (omitted printing of 3 columns)

	Model	MPG	Cyl	Disp	HP	DRat	WT	QSec	VS
	String	Float64	Int64	Float64	Int64	Float64	Float64	Float64	Int64
1	Mazda RX4	21.0	6	160.0	110	3.9	2.62	16.46	0
2	Mazda RX4 Wag	21.0	6	160.0	110	3.9	2.875	17.02	0
3	Datsun 710	22.8	4	108.0	93	3.85	2.32	18.61	1
4	Hornet 4 Drive	21.4	6	258.0	110	3.08	3.215	19.44	1
5	Hornet Sportabout	18.7	8	360.0	175	3.15	3.44	17.02	0
6	Valiant	18.1	6	225.0	105	2.76	3.46	20.22	1

在這個資料集中，我們要預測的目標是 MPG 這一欄，便先將其他的欄位作為特徵進行訓練。由於包含的變數太多，我們無法將這些變數繪製在圖表上。在這邊只需要更改方程式即可。

In [13]:
```
model = GLM.lm(@formula(MPG ~ Cyl + Disp + HP + DRat + WT + QSec
+ VS + AM + Gear + Carb), data)
```

Out[13]:
```
StatsModels.DataFrameRegressionModel{LinearModel{LmResp{Array{Float6
4,1}},DensePredChol{Float64,LinearAlgebra.Cholesky{Float64,Array{Float64,2
}}}},Array{Float64,2}}
```

Formula: MPG ~ 1 + Cyl + Disp + HP + DRat + WT + QSec + VS + AM + Gear + Carb

Coefficients:

	Estimate	Std.Error	t value	Pr(>|t|)
(Intercept)	12.3034	18.7179	0.657306	0.5181
Cyl	-0.11144	1.04502	-0.106639	0.9161
Disp	0.0133352	0.0178575	0.746758	0.4635
HP	-0.0214821	0.0217686	-0.986841	0.3350
DRat	0.787111	1.63537	0.481304	0.6353
WT	-3.7153	1.89441	-1.96119	0.0633
QSec	0.821041	0.730845	1.12341	0.2739
VS	0.317763	2.10451	0.150991	0.8814
AM	2.52023	2.05665	1.2254	0.2340
Gear	0.655413	1.49326	0.438914	0.6652
Carb	-0.199419	0.828752	-0.240626	0.8122

這邊我們以舊有的資料進行預測看看。

In [14]:
```
predict(model, data[1:5, :])
```

Out[14]:
```
5-element Array{Union{Missing, Float64},1}:
 22.599505761262083
 22.111886079356694
 26.25064408479849
 21.237404546675506
 17.693434028697496
```

其他跟已訓練的模型相關的函式有：

1. dof_residual：取出模型殘差的自由度（degrees of freedom）。
2. stderror：模型係數的標準誤。
3. vcov：估計模型係數的變異數 - 共變異數矩陣（variance-covariance matrix）。

▸ 評估模型

那我們要怎麼知道一個迴歸模型被訓練得好不好呢？這時候我們會看決定係數（coefficient of determination），俗稱 R^2 值，來加以判斷，R^2

值會在 0～1 之間，愈接近 1 代表模型有更好的預測力，也被訓練得很好。

```
In  [15]: GLM.r²(model)
Out[15]: 0.8690157644777646
```

也有校正過後的 R^2 值，可以用 adjr^2 來得到。它針對資料量及模型的參數數量進行校正。

```
In  [16]: GLM.adjr²(model)
Out[16]: 0.8066423189909859
```

另外， r2 及 adjr2 是分別跟 r² 及 adjr² 等價的函式。

模型的適合度可以參考 deviance。

```
In  [17]: deviance(model)
Out[17]: 147.4944300166507
```

3. 分類模型

▸ 邏輯迴歸

邏輯迴歸（logistic regression）雖然模型名稱上有迴歸兩個字，但它卻是用來解分類問題的。在邏輯迴歸中，應用的是 sigmoid 函數來將數值轉為 0 ～ 1 之間的機率。因此，這個模型適用於二元分類（binary classification）。

這邊我們示範的是 iris 的資料集，當中含有三種花的品種。在此只做兩種花的品種分類。

In [18]:
```
data = RDatasets.dataset("datasets", "iris")
data = data[data[:Species].!= "setosa", :]
first(data, 6)
```

Out[18]: 6 rows × 5 columns

	SepalLength Float64	SepalWidth Float64	PetalLength Float64	PetalWidth Float64	Species Categorical···
1	7.0	3.2	4.7	1.4	versicolor
2	6.4	3.2	4.5	1.5	versicolor
3	6.9	3.1	4.9	1.5	versicolor
4	5.5	2.3	4.0	1.3	versicolor
5	6.5	2.8	4.6	1.5	versicolor
6	5.7	2.8	4.5	1.3	versicolor

我們將其中兩個特徵畫出來看看，當中會有些混雜在一起，難以分開的部分。

In [19]:
```
plot(data, x="PetalLength", y="PetalWidth", color="Species",
Geom. point)
```

Out[19]:

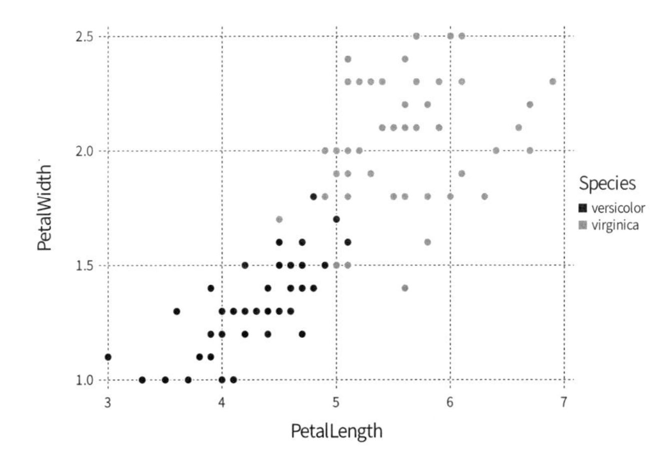

在將資料放入模型之前，我們需要將預測的欄位轉成數字（1 或 0）或是布林值（true 或 false）。

In [20]:
```
data[:target] = data[:Species] .== "versicolor";
```

我們先藉由 shuffleobs 來將資料打散重新洗牌。

In [21]:
```
n = size(data, 1)
data = data[shuffleobs(1:n), :];
```

接下來，切分成訓練資料及測試資料，比例是 8：2。

In [22]:
```
train_data, test_data = splitobs(data; at = 0.8);
```

將訓練資料放入模型當中訓練。邏輯迴歸使用的是 glm 函式來做訓練，當中需要設定的是 Binomial() 及 LogitLink()，如此一來才是邏輯迴歸模型。在這邊我們使用 SepalLength、SepalWidth、PetalLength 及 PetalWidth 來作為特徵。

In [23]:
```
model = glm(@formula(target ~ SepalLength + SepalWidth + PetalLength
+ PetalWidth), train_data, Binomial(), LogitLink())
```

Out[23]:
```
StatsModels.DataFrameRegressionModel{GeneralizedLinearModel{GlmResp{
Array{Float64,1},Binomial{Float64},LogitLink},DensePredChol{Float64,LinearA
lgebra.Cholesky{Float64,Array{Float64,2}}}},Array{Float64,2}}

Formula: target ~ 1 + SepalLength + SepalWidth + PetalLength + PetalWidth

Coefficients:
```

	Estimate	Std.Error	z value	Pr(>|z|)
(Intercept)	34.1871	25.3694	1.34757	0.1778
SepalLength	3.64707	2.94026	1.24039	0.2148
SepalWidth	3.68283	3.9047	0.943178	0.3456
PetalLength	-8.25551	4.57345	-1.80509	0.0711
PetalWidth	-16.2456	7.61138	-2.13438	0.0328

接著我們來預測測試資料集。這邊給出來的會是一個機率值，也就是「品種是 versicolor」的機率。

```
In  [24]: pred = predict(model, test_data)
```

```
Out[24]: 20-element Array{Union{Missing, Float64},1}:
          0.9999479492445563
          0.9999999723659821
          0.999999996285102
          0.2012367288606686
          8.987881363582958e-10
          0.9957154878139989
          0.9997862704412553
          0.00045904037805690725
          0.0004859051110147236
          3.781972205591224e-7
          0.9999989335401247
          9.1927658404901e-5
          6.866577536758618e-5
          1.5990055901260312e-7
          2.55267993740806e-7
          0.08468304376395477
          0.00045904037805690725
          0.9999987502791817
          0.0007852108220571819
          0.9999999161161456
```

我們希望把機率值進一步判定成類別，可以寫一個小函式，將機率大於一半的判定為 versicolor，否則就是 virginica。

```
In  [25]: predict_label(x) = x > 0.5 ? "versicolor" : "virginica"
          predicted_label = predict_label.(pred)
```

```
Out[25]: 20-element Array{String,1}:
          "versicolor"
          "versicolor"
          "versicolor"
          "virginica"
          "virginica"
```

```
"versicolor"
"versicolor"
"virginica"
"virginica"
"virginica"
"versicolor"
"virginica"
"virginica"
"virginica"
"virginica"
"virginica"
"virginica"
"versicolor"
"virginica"
"versicolor"
```

準確度

一般要評估分類模型的效能，第一個會先看準確率（accuracy），範圍介在 0～1 之間，最好為 1。準確率是資料的分類預測符合真實資料的比率，分母是所有的資料筆數。我們可以直接使用 MLMetrics 套件中的 accuracy 函式來計算即可。安裝 MLMetrics 的時候需注意，目前 MLMetrics 尚未向官方註冊，所以我們要利用其他方式安裝。如果在套件模式下，請使用 add https://github.com/JuliaML/MLMetrics.jl，如果在命令列模式下，請使用 Pkg.add("https://github.com/JuliaML/MLMetrics.jl")。

In [26]:
```
using MLMetrics
```

In [27]:
```
accuracy(predicted_label, test_data[:Species])
```

Out[27]: 0.95

單純貝式分類器

第二個介紹的分類模型是單純貝氏分類器（Naive Bayes classifiler），這個分類模型有其假設，就是每個特徵之間是互相獨立的。要使用單純貝氏分類器，需要 NaiveBayes 套件。

In [28]:
```
using NaiveBayes
```

In [29]:
```
iris = dataset("datasets", "iris")
first(iris, 6)
```

Out[29]: 6 rows × 5 columns

	SepalLength Float64	SepalWidth Float64	PetalLength Float64	PetalWidth Float64	Species Categorical···
1	5.1	3.5	1.4	0.2	setosa
2	4.9	3.0	1.4	0.2	setosa
3	4.7	3.2	1.3	0.2	setosa
4	4.6	3.1	1.5	0.2	setosa
5	5.0	3.6	1.4	0.2	setosa
6	5.4	3.9	1.7	0.4	setosa

這邊一樣切割訓練及測試資料集。

In [30]:
```
indecies = MLDataUtils.shuffleobs(iris)
train_data, test_data = MLDataUtils.splitobs(iris, at=0.8);
```

In [31]:
```
train_X = collect(Matrix(train_data[1:4])')
train_y = Vector(train_data[:Species])
test_X = collect(Matrix(test_data[1:4])')
test_y = Vector(test_data[:Species]);
```

我們使用的是 GaussianNB，第一個參數是要預測的目標，第二個參數則是特徵的數目。

In [32]:
```
model  = GaussianNB(unique(train_y), 4)
fit(model, train_X, train_y)
```

Out[32]: GaussianNB(Dict("virginica"=>20,"setosa"=>50,"versicolor"=>50))

我們最後來測試一下準確率。

In [33]:
```
accuracy(predict(model, test_X), test_y)
```

Out[33]: 0.9666666666666667

▶ 決策樹與隨機森林

決策樹（decision tree）及隨機森林（random forest）模型是以決策樹為基礎的模型。隨機森林是整體學習（ensemble learning）中重要的一種模型，也是在各大比賽中的常勝軍。以上相關的模型都收錄在 DecisionTree 套件中。

In [34]:
```
using DecisionTree
```

```
WARNING: using DecisionTree.predict in module Main conflicts with an existing id entifier.
```

In [35]:
```
data = RDatasets.dataset("datasets", "iris")
first(data, 6)
```

Out[35]: 6 rows × 5 columns

	SepalLength	SepalWidth	PetalLength	PetalWidth	Species
	Float64	Float64	Float64	Float64	Categorical···
1	5.1	3.5	1.4	0.2	setosa
2	4.9	3.0	1.4	0.2	setosa
3	4.7	3.2	1.3	0.2	setosa
4	4.6	3.1	1.5	0.2	setosa
5	5.0	3.6	1.4	0.2	setosa
6	5.4	3.9	1.7	0.4	setosa

在將資料放入模型之前需要轉換一下資料型別，並且將資料拆成特徵及標籤。

In [36]:
```
features = Matrix(data[1:4])
labels = Vector{String}(data[:Species])
```

```
Out[36]: 150-element Array{String,1}: "setosa"
 "setosa"
 "setosa"
 "setosa"
 "setosa"
 "setosa"
 "setosa"
```

```
"setosa"
"setosa"
"setosa"
"setosa"
"setosa"
"setosa"
 ⋮
"virginica"
"virginica"
"virginica"
"virginica"
"virginica"
"virginica"
"virginica"
"virginica"
"virginica"
"virginica"
"virginica"
"virginica"
```

我們可以設定模型參數，這邊只有設定 max_depth=2，其餘的模型參數可以參考 DecisionTree.jl 的官方文件。

```
In  [37]: model  = DecisionTree.DecisionTreeClassifier(max_depth=2)
```

```
Out[37]: DecisionTreeClassifier
        max_depth:                2
        min_samples_leaf:         1
        min_samples_split:        2
        min_purity_increase:      0.0
        pruning_purity_threshold: 1.0
        n_subfeatures:            0
        classes:                  root:

        nothing
        nothing
```

要訓練模型則是透過 fit! 函式，第一個參數是要訓練的模型，第二及第三個參數則是特徵及標籤。

In [38]:
```
DecisionTree.fit!(model, features, labels)
```

Out[38]:
```
DecisionTreeClassifier
max_depth:                 2
min_samples_leaf:          1
min_samples_split:         2
min_purity_increase:       0.0
pruning_purity_threshold:  1.0
n_subfeatures:             0
classes:                   root:

["setosa", "versicolor", "virginica"]
Decision Tree
Leaves: 3
Depth: 2
```

訓練好的決策樹可以用 print_tree 來將樹繪製出來，第二個參數可以決定畫到多少的深度。

In [39]:
```
DecisionTree.print_tree(model, 5)
```

```
Feature 4, Threshold 0.8
L-> setosa : 50/50
R-> Feature 4, Threshold 1.75
    L-> versicolor : 49/54
    R-> virginica : 45/46
```

預測是利用 predict 函式來進行，參數的順序跟以往的模型差不多。

In [40]:
```
new_iris = [5.9, 3.0, 5.1, 1.9] DecisionTree.predict(model, new_iris)
```

Out[40]:
```
"virginica"
```

predict_proba 則可以給出不同分類的機率，預測結果則是取機率最高的作為預測結果。

In [41]:
```
DecisionTree.predict_proba(model, new_iris)
```

Out[41]:
```
3-element Array{Float64,1}:
 0.0
```

```
0.021739130434782608
0.9782608695652174
```

get_classes 則可以得到 predict_proba 給出的機率，相對應的類別。

In [42]:
```
DecisionTree.get_classes(model)
```

Out[42]:
```
3-element Array{String,1}:
 "setosa"
 "versicolor"
 "virginica"
```

DecisionTree 套件中所支援的模型有：

1. 迴歸模型
   - DecisionTreeRegressor
   - RandomForestRegressor
2. 分類模型
   - DDecisionTreeClassifier
   - DRandomForestClassifier
   - DAdaBoostStumpClassifier

▸ 支撐向量機

支撐向量機（support vector machine, SVM）可以說是機器學習中的經典模型，擁有強大的預測能力，並且可以應用於分類問題及迴歸問題。Julia 支援由國立台灣大學資訊工程學系林智仁老師所開發的 LIBSVM 函式庫。

In [43]:
```
using LIBSVM
```

```
WARNING: using LIBSVM.predict in module Main conflicts with an existing identifi er.
```

模型的前處理做法跟前面大同小異。

```
In  [44]: iris = RDatasets.dataset("datasets", "iris")
          n = size(iris, 1)
          iris = iris[shuffleobs(1:n), :]
          train_data, test_data = splitobs(iris; at = 0.8);
```

```
In  [45]: train_X = Matrix(train_data[:, 1:4])'
          train_y = Vector{String}(train_data[:Species])
          test_X = Matrix(test_data[:, 1:4])'
          test_y = Vector{String}(test_data[:Species]);
```

使用 svmtrain 來訓練模型，預設模型會是使用 radial basis kernel。

```
In  [46]: model = svmtrain(train_X, train_y)
```

```
Out[48]: LIBSVM.SVM{String}(SVC, RadialBasis::KERNEL = 2, nothing, 4, 3,
["versicolor", "setosa", "virginica"], Int32[1, 2, 3], Float64[], Int32[],
LIBSVM.SupportVector s{String,Float64}(36, Int32[15, 5, 16], ["versicolor",
"versicolor", "versicolo r", "versicolor", "versicolor", "versicolor",
"versicolor", "versicolor", "versi color", "versicolor"…"virginica", "virginica",
"virginica", "virginica", "v irginica", "virginica", "virginica", "virginica",
"virginica", "virginica"], [6.5 6.7…7.2 4.9; 2.8 3.0… 3.0 2.5; 4.6 5.0
… 5.8 4.5; 1.5 1.7 … 1.6 1.7], Int32[5, 15, 19, 28, 35, 40, 49,
53, 61, 65…57, 58, 80, 87, 89, 97, 100, 108, 109, 111], LIBSVM.
SVMNode[SVMNode(2, 0.0), SVMNode(0, 0.0), SVMNode(1, 4.94066e-
324), SVMNode(0, 9.88131e-324), SVMNode(2, 2.47033e-323), SVMNode(0,
0.0), SV MNode(0, 9.88131e-324), SVMNode(1, 0.0), SVMNode(1, 6.3),
SVMNode(1, 5.1)…S VMNode(1, 7.9), SVMNode(1, 6.5), SVMNode(1,
6.3), SVMNode(1, 6.3), SVMNode(1, 6.9), SVMNode(-449881120, 0.0),
SVMNode(-8, NaN), SVMNode(-8, NaN), SVMNode(-305268432, NaN),
SVMNode(-8, NaN)]), 0.0, [0.0 1.0; 0.205129 1.0; … ; -0.511269 -0.0; -1.0
-0.67357], Float64[], Float64[], [-0.152769, 0.196554, 0.215375], 3, 0.25,
200.0, 0.001, 1.0, 0.5, 0.1, true, false)
```

使用 svmpredict 來進行預測。

```
In  [47]: predicted_labels, decision_values = svmpredict(model, test_X)
```

```
Out[47]: (["versicolor", "virginica", "virginica", "virginica", "setosa", "versicolor",
"versicolor", "versicolor", "versicolor", "setosa"    …    "virginica",
```

```
"setosa", "versicolor", "virginica", "virginica", "versicolor", "versicolor",
"virginica", "versicolor", "versicolor"], [1.05334 0.922625 … 1.04346
1.10501; 0.0799716 -0.488689 … 0.689222 1.27014; -1.03048 -1.03064 …
-0.887829 -0.849817])
```

In [48]:
```
accuracy(predicted_labels, test_y)
```

Out[48]: 0.9

▸ 類神經網路模型介紹

類神經網路模型是存在已久的模型，近年來將模型的深度加深得到了效能上的飛躍。類神經網路模型是類比人類大腦的神經網路所發明出來的模型。一個節點可以想像成一個大腦神經元。

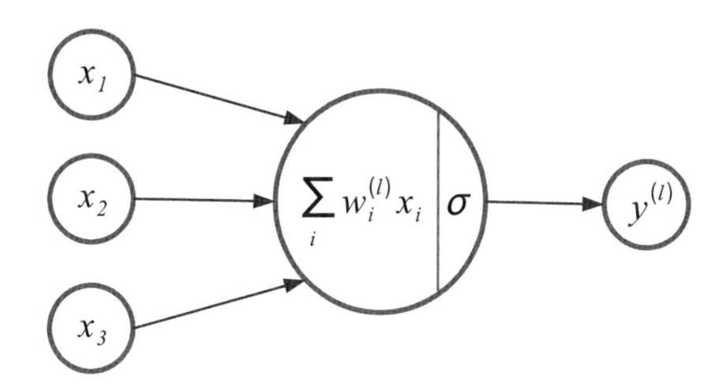

圖 10-3　類神經網路模型節點

不同的變數或資料會被送到神經元當中做運算及處理，最後一個節點輸出一個值。節點當中的運算會將變數乘上相對應的權重並加總，然後將這個值透過一個非線性函數做轉換，輸出一個值。當中的非線性函數模擬了神經元的行為，全有全無律（all-or-none law），也就是神經衝動要大於某個閾值（threshold），神經元才會被激發。非線性函數會判定值的大小，決定讓輸出的值更大或是削弱。

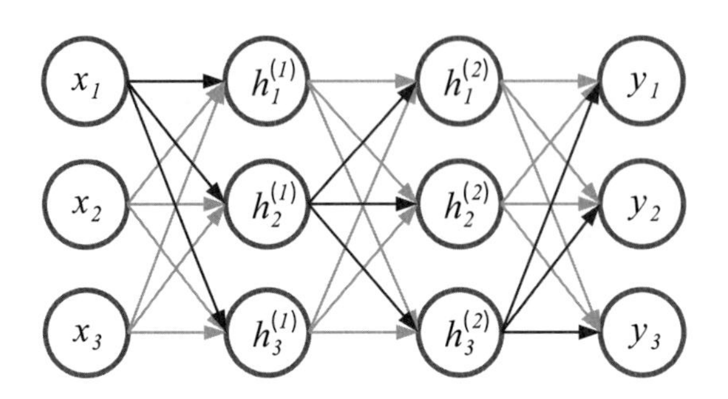

圖 10-4 類神經網路模型

藉由多個節點堆疊起來的神經網路，可以展現強大的預測及分類能力。前層節點的輸出會成為下一層節點的輸入，如此一層一層的運算，可以擬合複雜的函數關係。因此，神經網路可以完成複雜的任務。最左邊的第一層為輸入層（input layer），最右邊的一層為輸出層（output layer），中間的稱為隱藏層（hidden layer）。輸入層不做任何運算，只是單純提供資料。隱藏層跟輸出層都會執行運算。這樣的神經網路模型可以用於迴歸問題或是分類問題；隨著隱藏層數量的增加，可以解的任務複雜度也隨著增加。

4. 分群分析

分群分析（clustering）是常見的機器學習方法，它是典型的非監督式學習方法。分群分析的目的在於將沒有標記的資料分成若干群，由於沒有標記，所以也沒有標準答案。以下會介紹幾種常見的分群方式。

▸ K-means

K-means 是最簡單的分群方法之一，演算法也非常簡單。亦即先決定要將資料分成 k 群，隨機決定 k 個群中心，計算每個點到哪一個群中心的距離最近，並且將該點劃分到該群中心下。接著，計算新的群中心位置，再計算點到群中心的距離，如此不斷的迭代，直到群中心不再變動為止。

K-means 計算群中心的方法是使用平均值來計算，而 k-medoids 則是利用中位數。使用分群演算法需要用到 Clustering 跟 Distances 兩個套件。

In [49]:
```
using Clustering, Distances
```

此處一樣是採用 iris 資料集，不過只需要使用特徵的部分。這邊我們只有採用前兩種特徵。

In [50]:
```
iris = RDatasets.dataset("datasets", "iris") X = Matrix(iris[:, 1:2])'
```

```
Out[50]: 2×150 LinearAlgebra.Adjoint{Float64,Array{Float64,2}}:
 5.1 4.9 4.7 4.6 5.0 5.4 4.6 5.0 … 6.8 6.7 6.7 6.3 6.5 6.2 5.9
 3.5 3.0 3.2 3.1 3.6 3.9 3.4 3.4 3.2 3.3 3.0 2.5 3.0 3.4 3.0
```

我們先決定要分的群數，然後使用 kmeans 進行訓練。

In [51]:
```
k = 3
result = kmeans(X, k)
```

```
Out[51]: KmeansResult{Array{Float64,2},Float64,Int64}([5.006 6.81277 5.77358;
3.428 3.07447 2.69245], [1, 1, 1, 1, 1, 1, 1, 1, 1, 1 …2, 2, 3, 2, 2, 2, 3, 2,
2, 3], [0.01402, 0.19442, 0.14562, 0.27242, 0.02962, 0.37802, 0.16562,
0.00082, 0.64602, 0.11882…0.013368, 0.00826166, 0.000754717,
0.0159212, 0.0635808, 0.0182617, 0.314151, 0.103368, 0.481453,
0.110566], [50, 47, 53], [50, 47, 53], 37.05070212765942, 4, true)
```

我們可以將分群的結果透過 assignments 取出，並且指定成新的欄位。

In [52]:
```
iris[:cluster] = string.(assignments(result));
```

我們也可以透過 centers 取出最後的群中心位置。

In [53]:
```
result.centers
```

```
Out[53]: 2×3 Array{Float64,2}:
 5.006    6.81277    5.77358
 3.428    3.07447    2.69245
```

或是計數不同群各有多少的資料。

In [54]:
```
counts(result)
```

Out[54]: 3-element Array{Int64,1}:
```
50
47
53
```

我們可以進一步將分群結果繪製在圖上。

In [55]:
```
plot(iris, x="SepalLength", y="SepalWidth", color="cluster", group="cluster", Geom.point, Geom.e llipse)
```

Out[55]:

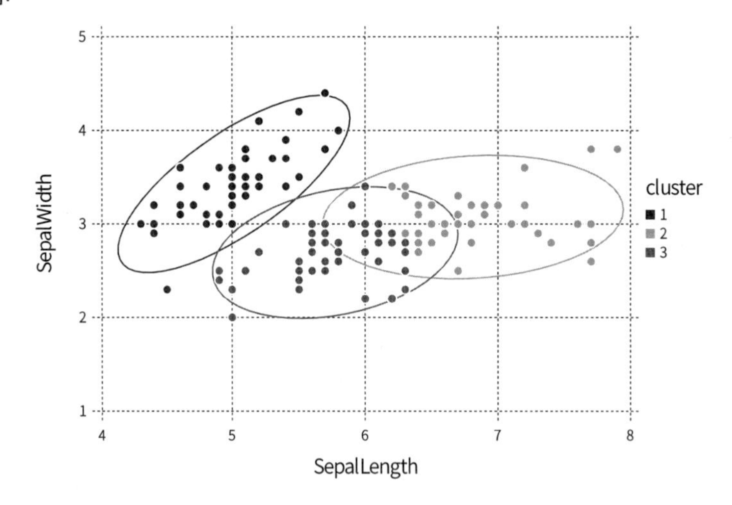

▸ K-medoids

K-medoids 跟 k-means 的差異在於利用了實際的資料點作為群中心，對應於統計上的意義則是類似中位數的存在。不過這邊在資料的前處理上稍微麻煩一些，需要先計算資料與資料之間的距離。如此，我們會蒐集到一個距離矩陣 D。

```
In [56]: n = nrow(iris)
D = zeros(n, n)
for i = 1:n
    a = Vector{Float64}(iris[i, 1:4])
    for j = 1:n
        b = Vector{Float64}(iris[j, 1:4]) D[i, j] = euclidean(a, b)
    end
end
```

我們仍舊是要先決定群的數量，然後將距離矩陣放進模型當中訓練，這邊則是使用 kmedoids 函式。

```
In [57]: k = 3
result = kmedoids(D, k)
```

```
Out[57]: KmedoidsResult{Float64}([148, 8, 100], [2, 2, 2, 2, 2, 2, 2, 2, 2, 2…
1, 1, 1, 1, 1, 1, 1, 1, 1, 1], [0.173205, 0.424264, 0.412311, 0.5, 0.223607,
0.7, 0.424264, 0.0, 0.787401, 0.331662…0.608276, 0.519615, 0.774597,
0.842615, 0.793725, 0.360555, 0.583095, 0.0, 0.616441, 0.640312], [62, 50,
38], 98.86857306414682, 3, true)
```

我們一樣可以獲得特徵被指定的群。

```
In [58]: iris[:cluster] = string.(assignments(result));
```

medoids 可以給出群中心的資料索引。

```
In [59]: iris[result.medoids, :]
```

Out[59]: 3 rows × 6 columns

	SepalLength Float64	SepalWidth Float64	PetalLength Float64	PetalWidth Float64	Species Categorical…	cluster String
1	6.5	3.0	5.2	2.0	virginica	1
2	5.0	3.4	1.5	0.2	setosa	2
3	5.7	2.8	4.1	1.3	versicolor	3

In [60]:
```
counts(result)
```

Out[60]: 3-element Array{Int64,1}:
```
62
50
38
```

In [61]:
```
plot(iris, x="SepalLength", y="SepalWidth", color="cluster",
group="cluster", Geom.point, Geom.e llipse)
```

Out[61]:

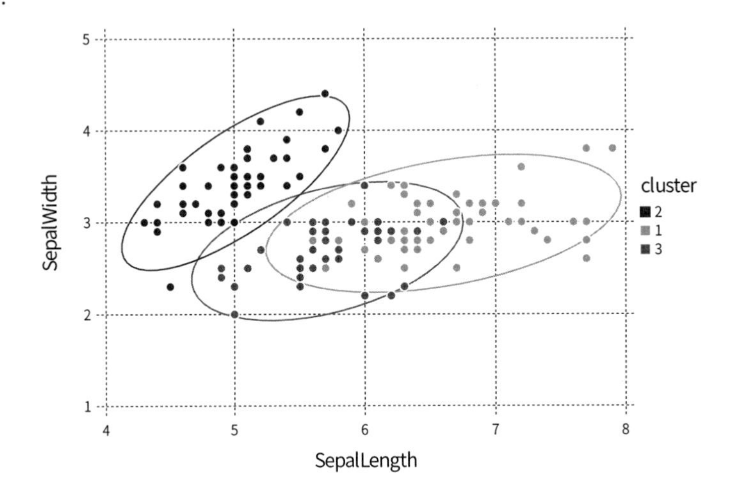

▸ 階層式分群法

階層式分群法（hierarchical clustering）是藉由將距離相近的資料先合併成群，如此不斷地將群合併，直到全部資料成為一群的分群方法。過程中會記錄下分群的順序，最後將這個順序畫成一張樹狀圖（dendrogram）。這個分群法也需要事先計算距離矩陣。階層式分群法也被收錄在 Clustering 套件當中。

In [62]:
```
n = nrow(iris)
D = zeros(n, n)
for i = 1:n
    a = Vector{Float64}(iris[i, 1:4])
    for j = 1:n
        b = Vector{Float64}(iris[j, 1:4])
        D[i, j] = euclidean(a, b)
    end
end
```

將距離矩陣放入 hclust 中分群，其中需要決定的重要參數是 linkage，它會影響如何分群。

In [63]:
```
result = hclust(D, linkage=:single)
```

```
Out[63]: Hclust{Float64}([-102 -143; -8 -40; … ; 130 147; 144 148], [0.0, 0.1, 0.1,
0.1,0.1, 0.1, 0.141421, 0.141421, 0.141421, 0.141421 …0.52915, 0.538516,
0.538516, 0.556776, 0.6245, 0.632456, 0.648074, 0.734847, 0.818535,
1.64012], [42, 23,15, 16, 45, 34, 33, 17, 21, 32…138, 105, 129,
133, 112, 111, 148, 103, 126,130], :single)
```

目前支援的 linkage 方法有：

1. :single：以兩群中最接近的點的距離為群距離，為預設方法。
2. :average：以兩群中所有的點的平均距離為群距離。
3. :complete：以兩群中最遠的點的距離為群距離。
4. :ward：因計算過程較繁瑣，本書將不特別介紹。

In [64]:
```
using Plots, StatsPlots
```

```
WARNING: using Plots.plot in module Main conflicts with an existing identifier.
```

樹狀圖的繪製需要 Plots 及 StatsPlots 套件，目前可以支援直接將分群結果做成樹狀圖。

In [65]:
```
Plots.plot(result)
```

Out[65]:

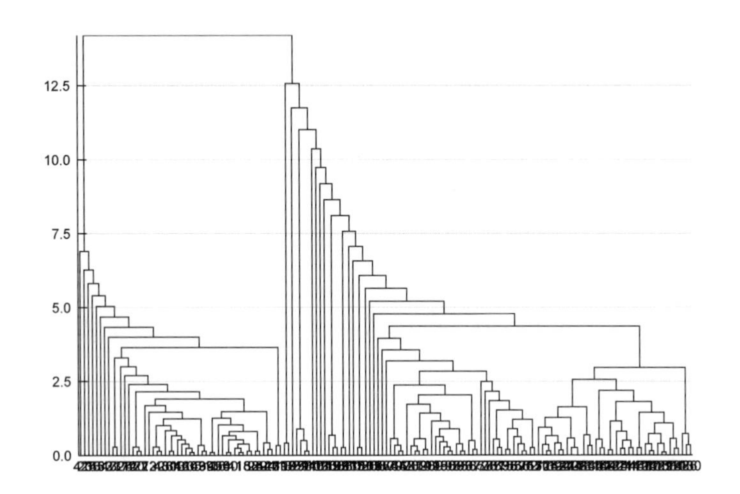

▸ DBSCAN

DBSCAN，全稱為 density-based spatial clustering of applications with noise，是一種以資料密集程度為分群依據的分群方法。給定空間中一個點集合，DBSCAN 可以把附近的點分成一組，並標記出位於低密度區域的離群點。DBSCAN 是常見的分群方法，也是科學文章中最常引用的分群方法之一。

In [66]:
```
data = DataFrame(0.35 * randn(250, 2) .+ [1.0, 1.0]', [:x, :y])
append!(data, DataFrame(0.35 * randn(250, 2) .+ [-1.0, -1.0]', [:x, :y]))
append!(data, DataFrame(0.35 * randn(250, 2) .+ [1.0, -1.0]', [:x, :y]))
```

Out[66]: 750 rows × 2 columns

	x	y
	Float64	**Float64**
1	1.26975	0.823478
2	1.45698	0.625544
3	1.45833	0.294149
4	0.73055	1.13562

5	1.37001	1.48872
6	0.83437	1.05707
7	1.16496	1.04089
8	0.369803	0.612866
9	1.31101	1.03773
10	1.42546	0.803104
11	0.762414	0.984718
12	1.12833	1.292
13	0.906513	0.982951
14	1.46099	1.72788
15	0.879515	0.75658
16	1.2151	0.87032
17	0.983484	1.14786
18	1.74873	0.715397
19	1.50919	0.6015
20	1.09014	1.64622
21	0.693378	1.08746
22	0.614235	1.24678
23	1.37331	1.53774
24	0.996972	1.51956
25	0.842896	1.20667
26	0.543711	0.903022
27	1.59669	1.23181
28	1.09102	1.22674
29	0.431058	0.860492
30	0.822474	1.3117
⋮	⋮	⋮

這邊我們可以造出三群資料點，整體的分布如下圖所示。

In [67]:
```
plot(data, x=:x, y=:y, Geom.point)
```

Out[67]:

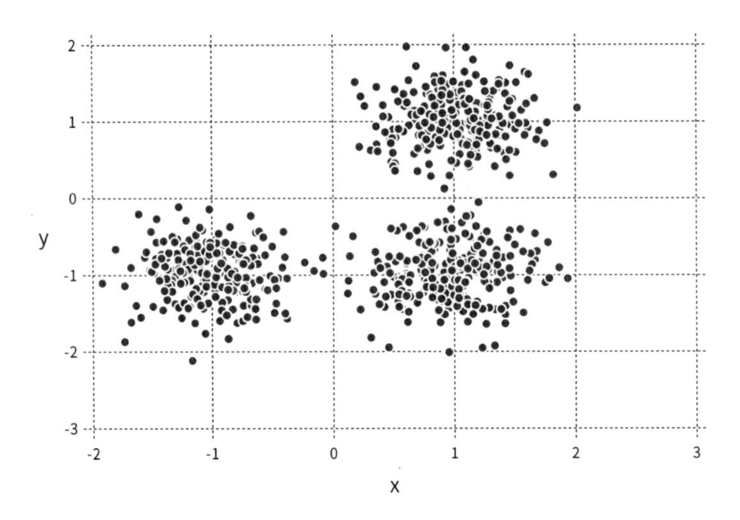

In [68]:
```
matrix = Matrix(data)'[:, :]
```

Out[68]: 2×750 Array{Float64,2}:
```
1.26975    1.45698    1.45833    0.73055   …0.956408    1.05396
0.967619
0.823478   0.625544   0.294149   1.13562    -1.18211    -1.29618
-0.854849
```

DBSCAN 有兩個重要的參數，資料點在 eps 的半徑內，至少要有 minpts 個鄰居在半徑內，這樣才算是「密集」的點。使用 dbscan 函式來訓練。

In [69]:
```
eps = 0.3
minpts = 9
clusters = dbscan(matrix, eps, min_neighbors=minpts, min_cluster_
size=10)
```

```
Out[69]: 3-element Array{DbscanCluster,1}:
 DbscanCluster(248, [1, 2, 4, 5, 6, 7, 8, 9, 10, 11…239, 240, 242, 243, 244, 246, 247, 248, 249, 250], [3, 18, 33, 37, 39, 76, 77, 82, 116, 128, 162, 185,203, 223, 230, 237, 241])DbscanCluster(252, [116, 501, 502, 503, 504, 505, 506, 507, 508, 509…739,741, 742, 743, 744, 745, 746, 748, 749, 750], [237, 280, 345, 448, 531, 534, 552, 570, 586, 608…624, 630, 696, 697, 706, 716, 717, 723, 730, 740])
 DbscanCluster(248, [251, 252, 253, 254, 255, 256, 257, 258, 259, 260 …489,490, 491, 492, 493, 494, 496, 498, 499, 500], [276, 315, 336, 345, 346, 355, 362, 414, 423, 428…430, 432, 436, 438, 448, 450, 451, 455, 495, 497])
```

分群的結果是一個陣列，裡面包含各群的結果。分群的結果將資料點分成兩種：核心點及邊界點。我們取核心點出來。

```
In  [70]: clusters[1].core_indices
```

```
Out[70]: 231-element Array{Int64,1}:
   1
   2
   4
   5
   6
   7
   8
   9
  10
  11
  12
  13
  14
   ⋮
 236
 238
 239
 240
 242
 243
 244
 246
```

```
247
248
249
250
```

我們將核心點取出之後標上顏色，進而可以看到比較密集的部分，跟沒有被標上顏色的部分比較，感受一下 DBSCAN 的效果。

In [71]:
```
data[:cluster] = "0"
for i = 1:length(clusters)
    data[clusters[i].core_indices, :cluster] = "$i"
end
```

In [72]:
```
plot(data, x=:x, y=:y, color=:cluster, Geom.point)
```

Out[72]:

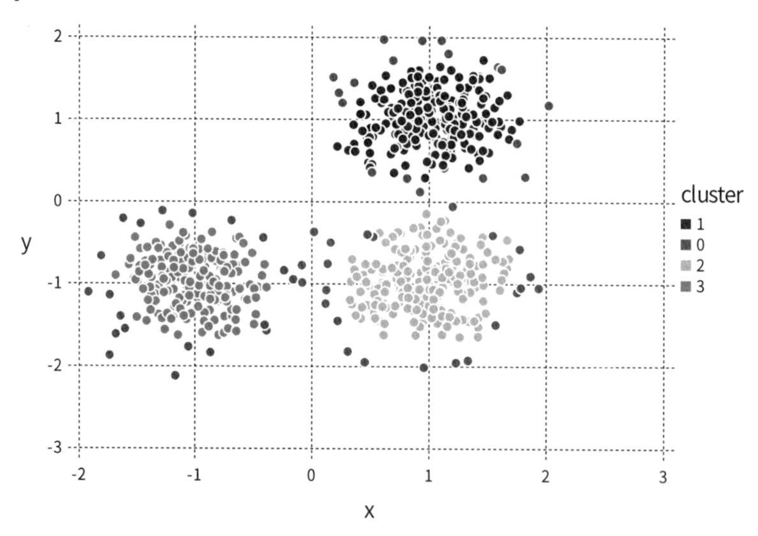

5. 降維演算法

當資料的維度太高，導致無法做資料視覺化、計算上的效率不好或是有太多不必要的雜訊的時候，我們可以考慮將資料做降維。降維

（dimensional reduction）是指透過某些資料的轉換或是特徵萃取的方式，將比較高維度的資料轉換成低維度的資料，當中我們希望盡量保留資料的資訊量。降維的方法有不少，其中知名線性的方法就屬主成分分析（principal components analysis，PCA），我們就來介紹這個演算法。

▶ 主成分分析

主成分分析主要是透過線性轉換，將資訊量較少的維度移除。主成分分析會保留資料分布較寬的維度，而保留的維度會互相垂直。資料分布較寬則代表所含的資訊量較為豐富，分布較窄則代表資料較為雷同，資訊量較少。主成分分析等多變量統計相關的演算法被收錄於 MultivariateStats 套件中。

In [73]:
```
using MultivariateStats
```

這邊我們同樣使用 iris 資料集作為示範。

In [74]:
```
iris = RDatasets.dataset("datasets", "iris")
first(iris, 6)
```

Out[74]: 6 rows × 5 columns

	SepalLength	SepalWidth	PetalLength	PetalWidth	Species
	Float64	Float64	Float64	Float64	Categorical…
1	5.1	3.5	1.4	0.2	setosa
2	4.9	3.0	1.4	0.2	setosa
3	4.7	3.2	1.3	0.2	setosa
4	4.6	3.1	1.5	0.2	setosa
5	5.0	3.6	1.4	0.2	setosa
6	5.4	3.9	1.7	0.4	setosa

In [75]:
```
X = Matrix(iris[:, 1:4])'
```

Out[75]: 4×150 LinearAlgebra.Adjoint{Float64,Array{Float64,2}}:

```
5.1  4.9  4.7  4.6  5.0  5.4  4.6  5.0  …  6.8  6.7  6.7  6.3  6.5  6.2  5.9
```

```
3.5  3.0  3.2  3.1  3.6  3.9  3.4  3.4      3.2  3.3  3.0  2.5  3.0  3.4  3.0
1.4  1.4  1.3  1.5  1.4  1.7  1.4  1.5      5.9  5.7  5.2  5.0  5.2  5.4  5.1
0.2  0.2  0.2  0.2  0.2  0.4  0.3  0.2      2.3  2.5  2.3  1.9  2.0  2.3  1.8
```

主成分分析需要事先給定要降到多少維度，透過 maxoutdim=k 參數來給定。fit 則是用來訓練模型的函式，第一個參數為模型，第二個參數為資料。

In [76]:
```
k = 2
model = fit(PCA, X; maxoutdim=k)
```

```
Out[76]: PCA(indim = 4, outdim = 2, principalratio = 0.97769)
```

訓練完畢後，模型當中已經學到如何進行轉換，接著我們需要將資料透過模型進行轉換才能真正降維。降維後的新維度稱為主成分（principal component，時常簡稱 pc）。

In [77]:
```
pc = MultivariateStats.transform(model, X)'
```

```
Out[77]: 150×2 LinearAlgebra.Adjoint{Float64,Array{Float64,2}}:
  2.68413    0.319397
  2.71414   -0.177001
  2.88899   -0.144949
  2.74534   -0.318299
  2.72872    0.326755
  2.28086    0.74133
  2.82054   -0.0894614
  2.62614    0.163385
  2.88638   -0.578312
  2.67276   -0.113774
  2.50695    0.645069
  2.61276    0.0147299
  2.78611   -0.235112
  ⋮
 -1.16933   -0.16499
 -2.10761    0.372288
 -2.31415    0.183651
 -1.92227    0.409203
```

```
-1.41524   -0.574916
-2.56301    0.277863
-2.41875    0.304798
-1.94411    0.187532
-1.52717   -0.375317
-1.76435    0.0788589
-1.90094    0.116628
-1.39019   -0.282661
```

我們再將 pc 畫在圖上看看會呈現什麼樣貌。

In [78]:
```
plot(x=pc[:, 1], y=pc[:, 2], Geom.point)
```

Out[78]:

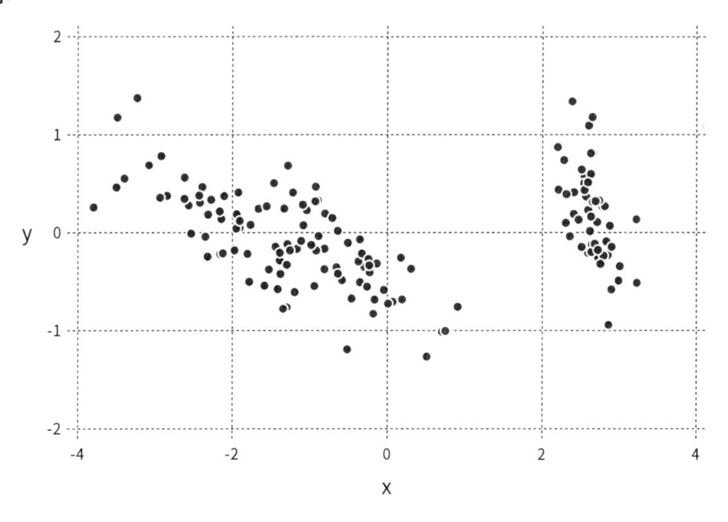

PART 3

進階方法

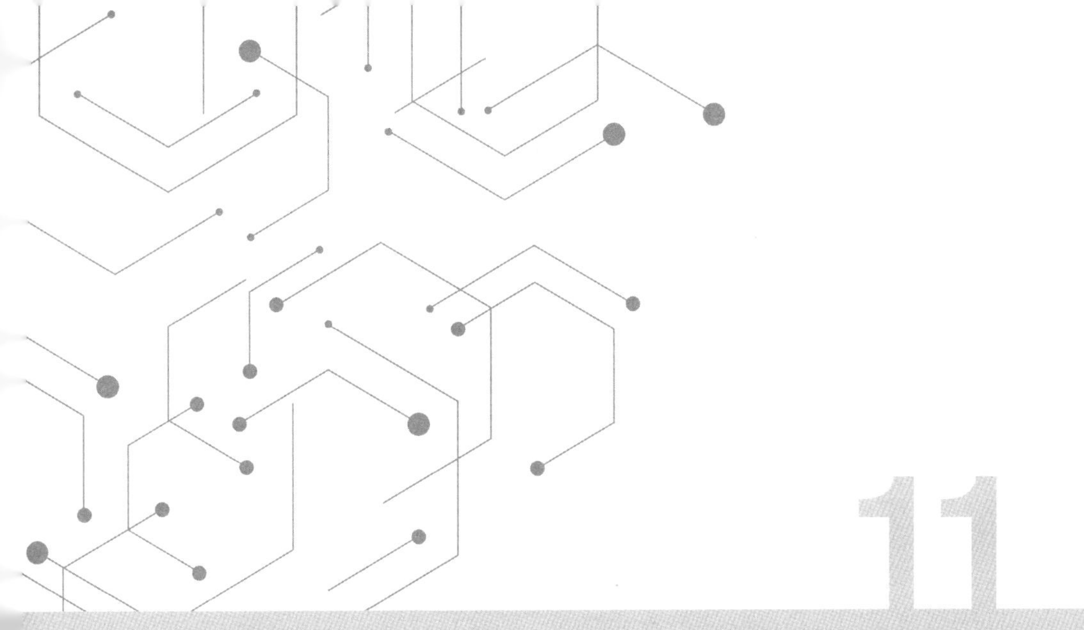

11

模型的最佳化方法

模型最佳化方法是在科學計算上找尋最適曲線，或在作業研究和最佳化理論中，找尋最佳解的一大類方法。在方法的應用上可以有曲線擬合（curve fitting）或是模型訓練（model training）兩種，兩者之間並沒有太大的差別，主要來自於應用領域不同而有不同的名稱。

1. 曲線擬合

曲線擬合是個古老的科學計算問題，我們會先假設一個想要擬合的曲線，曲線的係數未知。例如一個多項式曲線如下：

$$y = a_0 + a_1x + a_2x^2 + \cdots + a_nx^n$$

我們已經有一些資料（x, y），未知的是曲線係數 a_i。我們想要知道最符合資料的曲線是哪一條，所以需要用曲線跟這些資料將曲線係數給計算出來。然而我們想要的曲線應該是最「適合」這些資料的曲線，因此會假設資料離曲線的距離應該愈小愈好，所以可以將問題套用到最小平方問題中去找到最佳解。

▸ 函數求極值：最小平方問題

最小平方問題（least square problem）是曲線擬合的核心問題。為了找到最佳解，我們定義資料點到目標曲線的距離，即歐氏距離：

$$\sqrt{\sum_i (y_i - \hat{y}_i)^2}$$

其中，y_i 代表真實的資料，$\hat{y}_i$ 代表曲線上的點，i 則是資料的筆數。我們希望資料離曲線的距離愈小愈好，那麼總體算出來的距離就會是最小的。其實根號可以去除掉，不影響最佳解的計算，所以我們可以定出以下的誤差函數（error function）：

$$E(y, \hat{y}) = \sum_i (y_i - \hat{y}_i)^2$$

我們可以利用 LsqFit 套件來協助求解最佳解。

In [1]:
```
using LsqFit
```

我們先製造一些資料，這些資料是由以下 f 函式所產生出來的。我們先產生一些資料點 x 跟 y，其中要加入一些誤差 randn(length(x))。

In [2]:
```
f(x) = x^3 - 40x + 3
x = collect(0:0.01:10)
y = f.(x) .+ 10*randn(length(x))
```

```
Out[2]: 1001-element Array{Float64,1}:
  -8.920758145796999
   5.329577195347111
   5.276486598063306
   0.47881460421211797
  -6.630427470350792
 -10.216204651291145
   9.534552946215278
   9.343245711488638
  16.521367423698713
  14.525273035411393
  -3.78604414898161
   3.2278951280537393
  13.218882527997899
   ⋮
 557.1574788489886
 574.0220697008931
 573.8101173935206
 589.9846738403116
 569.332818322388
 595.4727554567231
 591.9967358920727
 581.3762736539007
 595.198850243399
```

```
587.9004807831885
602.9605965076746
601.5750043467461
```

我們來看一下產生出來的資料長什麼樣子。

In [3]:

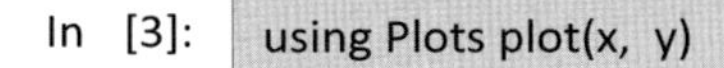

```
using Plots plot(x, y)
```

Out[3]:

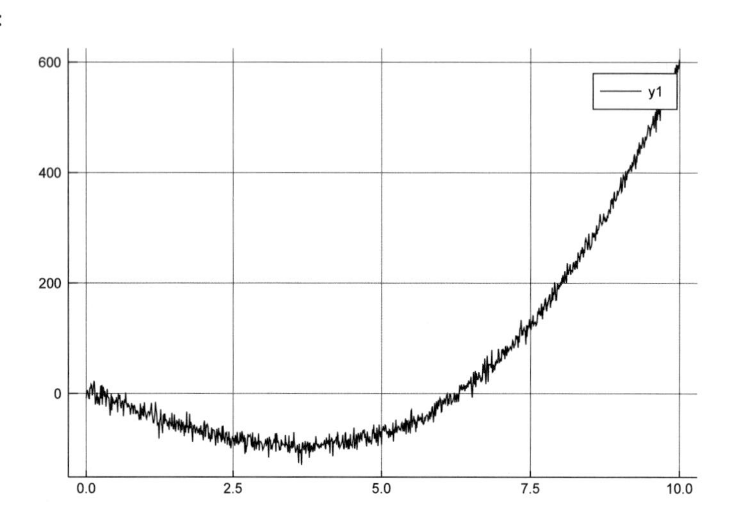

接下來我們要準備一個未知係數的函數，函數的係數是我們想要估計的對象，係數會被儲存在 p 這個向量中。@. 是個 macro 的語法，可以讓整個函式的運算都變成向量化的操作。

In [4]:

```
@ . g(x, p) = p[1]*x^3 - p[2]*x + p[3]
```

Out[4]: g (generic function with 1 method)

接下來，我們給定初始的函數係數 p0，然後利用 curve_fit 來擬合曲線，當中第一個參數為要擬合的曲線，第二個參數是輸入函數的資料，第三個參數是函數輸出的資料，最後是初始的函數係數。

```
In [5]: p0 = [0.5, 0.5, 0.5]
        result = curve_fit(g, x, y, p0)
```

```
Out[5]: LsqFit.LsqFitResult{Array{Float64,1},Array{Float64,1},Array{Float64,2},Arr
ay{Flo at64,1}}([0.999769, 40.0863, 3.5923], [12.5131, -2.13814, -2.4859,
1.91093, 8.61934, 11.8043, -8.34721, -8.55664, -16.1355, -14.54 …
5.544, -8.08289, 15.1226, -8.45777, -2.41621, 10.7758, -0.469323, 9.41251,
-3.05815, 0.922887], [0.0 0.0 1.0; 9.99987e-7 -0.01 1.0; … ; 997.003 -9.99
1.0; 1000.0 -10.0 1.0], true, Float64[])
```

最後我們會得到結果，並從中獲得擬合成功的曲線參數 result.param，可以檢查看看是否跟上面的 f 函數的參數一致。

```
In [6]: result.param
```

```
Out[6]: 3-element Array{Float64,1}:
  0.9997690211239765
 40.086343429774544
  3.5923043469117855
```

上面介紹的是沒有限制係數範圍的方式。我們可以限制係數的搜尋範圍，亦即限制係數的上限跟下限。

```
In [7]: lb = [0.8, -0.5, 0.2]
        ub = [1.9, Inf, 10.0]
        p0 = [1.5, 0.5, 0.5]
```

```
Out[7]: 3-element Array{Float64,1}:
 1.5
 0.5
 0.5
```

lb 代表的是下限，ub 代表的是上限。給定上下限的方式是在 curve_fit 中指定 lower=lb 跟 upper=ub 參數。

```
In [8]: result = curve_fit(g, x, y, p0, lower=lb, upper=ub)
```

```
Out[8]: LsqFit.LsqFitResult{Array{Float64,1},Array{Float64,1},Array{Float64,2},Arr
ay{Flo at64,1}}([0.999769, 40.0863, 3.5923], [12.5131, -2.13814, -2.4859,
```

```
1.91093, 8.61934,  11.8043, -8.34721, -8.55664, -16.1355, -14.54…5.544,
-8.08289,  15.1226,  -8.45777, -2.41621, 10.7758, -0.469323, 9.41251,
-3.05815, 0.922887], [0.0 0.0  1.0;  9.99987e-7 -0.01 1.0;  …  ; 997.003  -9.99
1.0; 1000.0  -10.0 1.0],  true,  Float64[])
```

估計完參數之後，我們可以評估參數的標準誤、誤差範圍以及信賴區間。

```
In  [9]: sigma  = stderror(result)
Out[9]: 3-element Array{Float64,1}:
         0.0027714228733653665
         0.27226914567742894
         0.8384177750520393

In  [10]: margin_of_error = margin_error(result,  0.05)
Out[10]: 3-element Array{Float64,1}:
          0.0054384846208117175
          0.5342856825346812
          1.64526396143176

In  [11]: confidence_inter = confidence_interval(result,  0.05)
Out[11]: 3-element Array{Tuple{Float64,Float64},1}:
          (0.994330536501665,  1.0052075057432885)
          (39.55205774704714,  40.6206291121165)
          (1.947040384796884,  5.237568307660403)
```

2. 模型最佳化的數值方法

在前面有提到做曲線擬合的過程中，我們會定義誤差函數（error function），或是進一步使用損失函數（loss function）。曲線擬合就是尋找損失函數的最低點。如果我們有任意想要找最低點的損失函數，這會形成一個最佳化問題。有一系列的數值方法可以找到損失函數的最低點。在比較廣泛使用的最佳化方法都會被收錄在 Optim 套件中。以下我們會介紹常用的最佳化方法，包括一階、二階及零階的方法。在一階的方法中，會求函數的一階導數，也就是梯度，利用梯度尋找梯度為 0 的點，就是最佳解存在的地方。二階的方法則是利用二階導數，直接尋找函數的極值，來找到最佳解。零階的方法則是不利用導數的方式來搜尋最佳解。

In [12]:
```
using Optim
```

這邊用來測試數值方法的函數是經典的函數 Rosenbrock function。

In [13]:
```
using Gadfly
f(x, y) = (1.0 - x)^2 + 100.0 * (y - x^2)^2
Gadfly.plot(z=f, xmin=[-1.5], xmax=[1.5], ymin=[-1], ymax=[3], Geom.contour)
```

```
WARNING: using Gadfly.plot in module Main conflicts with an existing identifier.
```

Out[13]:

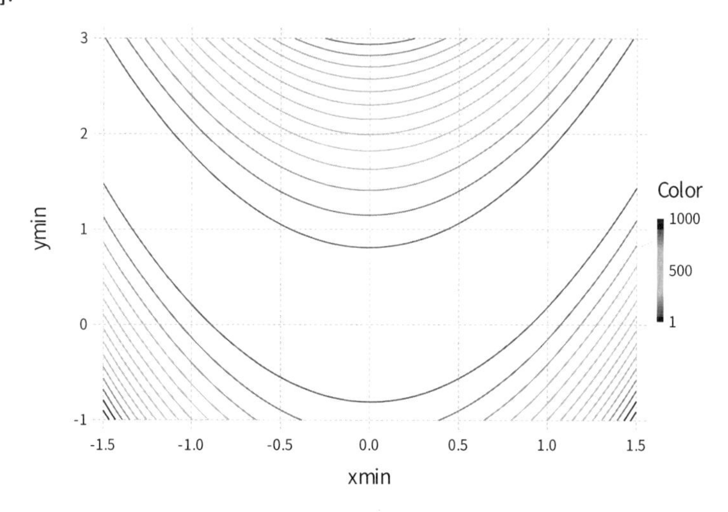

使用 Optim 套件求問題最佳解很單純，基本上是使用 optimize 函式求解。最單純的情況，只需要給定要求最佳解的函數跟初始值即可。

In [14]:
```
f(x) = (1.0 - x[1])^2 + 100.0 * (x[2] - x[1]^2)^2 x0 = [0.0, 0.0]
results = optimize(f, x0)
```

Out[14]:
```
Results of Optimization Algorithm
 * Algorithm: Nelder-Mead
 * Starting Point: [0.0,0.0]
 * Minimizer: [0.9999634355313174,0.9999315506115275]
 * Minimum: 3.525527e-09
 * Iterations: 60
 * Convergence: true
   * √ ( Σ (yᵢ-ȳ)²)/n < 1.0e-08: true
   * Reached Maximum Number of Iterations: false
 * Objective Calls: 118
```

summary 可以告訴我們用來求最佳解的方法，預設會使用 Nelder-Mead 法求解。

In [15]:
```
summary(results)
```

Out[15]: "Nelder-Mead"

converged 可以告訴我們所求的最佳解有沒有收斂，基本上收斂標準被設定為值要小於 10^{-8}。

In [16]:
```
Optim.converged(results)
```

Out[16]: true

iterations 可以知道是迭代多少次後收斂。

In [17]:
```
Optim.iterations(results)
```

Out[17]: 60

minimizer 可以得到最佳解，或是最佳點的座標。

In [18]:
```
Optim.minimizer(results)
```

Out[18]:
```
2-element Array{Float64,1}:
 0.9999634355313174
 0.9999315506115275
```

minimum 可以得到最佳點在函數上計算出來的值。

```
In  [19]: Optim.minimum(results)
Out[19]: 3.5255270584829996e-9
```

可以透過設定 store_trace=true 參數來記錄下每次迭代的過程。

```
In  [20]: results = optimize(f, x0, store_trace=true)
Out[20]: Results of Optimization Algorithm
          * Algorithm: Nelder-Mead
          * Starting Point: [0.0,0.0]
          * Minimizer: [0.9999634355313174,0.9999315506115275]
          * Minimum: 3.525527e-09
          * Iterations: 60
          * Convergence: true
            * √ (Σ (yᵢ-ȳ))²)/n < 1.0e-08: true
            * Reached Maximum Number of Iterations: false
          * Objective Calls: 118
```

f_trace 可以取得每次迭代計算出來的函數值。

```
In  [21]: Optim.f_trace(results)
Out[21]: 61-element Array{Float64,1}:
          0.9506640624999999
          0.9506640624999999
          0.9506640624999999
          0.9262175083160399
          0.8292372137308122
          0.8292372137308122
          0.8138906955718994
          0.7569606018066407
          0.7382898432016374
          0.6989375501871109
          0.6800415039062501
          0.6475000095367432
          0.6377041727304458
          ⋮
```

```
3.58990668454171e-5
1.3316611971068665e-5
1.5652129074070739e-6
1.5652129074070739e-6
1.5652129074070739e-6
1.5652129074070739e-6
4.966342403850991e-7
2.272706709692903e-7
2.120248852111823e-7
6.942358374981032e-8
1.876333755675703e-8
1.876333755675703e-8
```

3. 一階方法

在一階方法中會使用一階導數來求最佳解。根據微積分的定理，我們可以知道極值存在的地方，其一階導數或是梯度為 0。我們可以透過這樣的特性來尋找最佳解。

▸ 梯度下降法

梯度下降法（gradient descent method）可以說是最基礎，也最簡單實作的方法了。它有另一個名稱，稱為擬牛頓法（quasi-Newton method）。公式如下：

$$x_{t+1} = x_t - \eta \nabla f(x_t)$$

要使用梯度下降法求解，需要加入 GradientDescent()。

In [22]:
```
x0 = [0.99, 0.99]
results = optimize(f, x0, GradientDescent())
```

Out[22]:
```
Results of Optimization Algorithm
 * Algorithm: Gradient Descent
 * Starting Point: [0.99,0.99]
```

```
 * Minimizer: [0.9993106902267606,0.9986195984483189]
 * Minimum: 4.756574e-07
 * Iterations: 1000
 * Convergence: false
   * |x - x'| ≤ 0.0e+00: false
     |x - x'| = 1.48e-06
   * |f(x) - f(x')| ≤ 0.0e+00 |f(x)|: false
     |f(x) - f(x')| = 3.87e-03 |f(x)|
   * |g(x)| ≤ 1.0e-08: false
     |g(x)| = 4.76e-04
   * Stopped by an increasing objective: false
   * Reached Maximum Number of Iterations: true
 * Objective Calls: 3001
 * Gradient Calls: 3001
```

從上面的結果看來並沒有收斂，因此可以將最終的值輸出之後再跑一次。

```
In [23]: x0 = Optim.minimizer(results)
         results = optimize(f, x0, GradientDescent())
```

```
Out[23]: Results of Optimization Algorithm
 * Algorithm: Gradient Descent
 * Starting Point: [0.9993106902267606,0.9986195984483189]
 * Minimizer: [0.9998956904758626,0.9997910519450895]
 * Minimum: 1.089203e-08
 * Iterations: 1000
 * Convergence: false
   * |x - x'| ≤ 0.0e+00: false
     |x - x'| = 2.22e-07
   * |f(x) - f(x')| ≤ 0.0e+00 |f(x)|: false
     |f(x) - f(x')| = 3.74e-03 |f(x)|
   * |g(x)| ≤ 1.0e-08: false
     |g(x)| = 7.27e-05
   * Stopped by an increasing objective: false
   * Reached Maximum Number of Iterations: true
 * Objective Calls: 2999
 * Gradient Calls: 2999
```

▸ 共軛梯度法

共軛梯度法（conjugate gradient method）是梯度下降法的變體，適用於求解係數矩陣為對稱矩陣的線性方程組，在係數矩陣為稀疏矩陣尚有效能的優勢。使用上，需要加入 ConjugateGradient()。

```
In  [24]: optimize(f, x0, ConjugateGradient())

Out[24]: Results of Optimization Algorithm
          * Algorithm: Conjugate Gradient
          * Starting Point: [0.9993106902267606,0.9986195984483189]
          * Minimizer: [0.9999999925839664,0.9999999851915455]
          * Minimum: 5.505331e-17
          * Iterations: 5
          * Convergence: true
            * |x - x'| ≤ 0.0e+00: false
              |x - x'| = 3.26e-07
            * |f(x) - f(x')| ≤ 0.0e+00 |f(x)|: false
              |f(x) - f(x')| = 4.31e+03 |f(x)|
            * |g(x)| ≤ 1.0e-08: true
              |g(x)| = 9.61e-09
          * Stopped by an increasing objective: false
          * Reached Maximum Number of Iterations: false
          * Objective Calls: 15
          * Gradient Calls: 13
```

▸ BFGS 演算法

Broyden–Fletcher–Goldfarb–Shanno（BFGS）演算法也是常用的演算法之一。BFGS 利用了一個矩陣去逼近 Hessian matrix（海森矩陣）。在非平滑的損失函數上也可以有不錯的效能。

```
In  [25]: optimize(f, x0, BFGS())

Out[25]: Results of Optimization Algorithm
          * Algorithm: BFGS
          * Starting Point: [0.9993106902267606,0.9986195984483189]
          * Minimizer: [0.9999999926661535,0.9999999853323306]
          * Minimum: 5.378530e-17
```

```
 * Iterations: 4
 * Convergence: true
   * |x - x'| ≤ 0.0e+00: false
     |x - x'| = 1.64e-08
   * |f(x) - f(x')| ≤ 0.0e+00 |f(x)|: false
     |f(x) - f(x')| = 3.85e+00 |f(x)|
   * |g(x)| ≤ 1.0e-08: true
     |g(x)| = 9.71e-12
   * Stopped by an increasing objective: false
   * Reached Maximum Number of Iterations: false
 * Objective Calls: 10
 * Gradient Calls: 10
```

▶ L-BFGS 演算法

L-BFGS 是 BFGS 的改進版。當問題規模比較大的時候，BFGS 會使用大量記憶體及運算。而 L-BFGS 改進了這一點，並不會耗用太多記憶體。

```
In [26]: optimize(f, x0, LBFGS())
```

```
Out[26]: Results of Optimization Algorithm
 * Algorithm: L-BFGS
 * Starting Point: [0.9993106902267606,0.9986195984483189]
 * Minimizer: [0.9999999926658657,0.9999999853322297]
 * Minimum: 5.378955e-17
 * Iterations: 4
 * Convergence: true
   * |x - x'| ≤ 0.0e+00: false
     |x - x'| = 2.84e-07
   * |f(x) - f(x')| ≤ 0.0e+00 |f(x)|: false
     |f(x) - f(x')| = 4.12e+02 |f(x)|
   * |g(x)| ≤ 1.0e-08: true
     |g(x)| = 2.00e-10
   * Stopped by an increasing objective: false
   * Reached Maximum Number of Iterations: false
 * Objective Calls: 14
 * Gradient Calls: 14
```

4. 二階方法

二階方法是透過計算二階導數來求最佳解。根據微積分的定理，我們可以透過二階導數知道函數的凹向性，搭配一階導數的使用，可以找最大或是最小值。

▸ 牛頓法

二階方法中需要用到 Hessian matrix 的計算，一般來說會比較久。要使用牛頓法，則需要加入 Newton()。

```
In  [27]: optimize(f, x0, Newton())
Out[27]: Results of Optimization Algorithm
          * Algorithm: Newton's  Method
          * Starting Point: [0.9993106902267606,0.9986195984483189]
          * Minimizer: [0.9999999926749535,0.9999999853499236]
          * Minimum: 5.365631e-17
          * Iterations: 2
          * Convergence: true
            * |x - x'| ≤ 0.0e+00: false
              |x - x'| = 2.94e-07
            * |f(x) - f(x')| ≤ 0.0e+00 |f(x)|: false
              |f(x) - f(x')| = 4.19e+05 |f(x)|
            * |g(x)| ≤ 1.0e-08: true
              |g(x)| = 1.07e-11
            * Stopped by an increasing objective: false
            * Reached Maximum Number of Iterations: false
          * Objective Calls: 7
          * Gradient Calls: 7
          * Hessian Calls: 2
```

5.Line search

Line search 是在迭代演算法中調整步長（step size）的策略方法。在以上的迭代方法中，每次計算導數都會乘上一個步長來調整前進的距離，前進距離的長短會影響到收斂的時間。太長可能會造成點在函數上來回跳動，太短可能會造成下降速度緩慢。

以下為支援 line search 功能的方法：

1.(L-)BFGS

2. 共軛梯度法

3. 梯度下降法

4. 動量梯度下降

5. 牛頓法

Line search 演算法被收錄在 LineSearches 套件中，需要跟 Optim 套件搭配使用。

In [28]:
```
using LineSearches
```

預設 Optim 會呼叫 LineSearches 套件中的 HagerZhang() 這個 line search 演算法。想使用不同的演算法可以透過 linesearch 參數來指定。想採用不同的步長初始化策略可以透過 alphaguess 參數來指定。

In [29]:
```
algo   = Newton(alphaguess=InitialStatic(), linesearch=HagerZhang())
results = optimize(f, x0, method=algo)
```

```
Out[29]: Results of Optimization Algorithm
 * Algorithm: Newton's Method
 * Starting Point: [0.9993106902267606,0.9986195984483189]
 * Minimizer: [0.9999999926749535,0.9999999853499236]
 * Minimum: 5.365631e-17
 * Iterations: 2
 * Convergence: true
   * |x - x'| ≤ 0.0e+00: false
     |x - x'| = 2.94e-07
   * |f(x) - f(x')| ≤ 0.0e+00 |f(x)|: false
     |f(x) - f(x')| = 4.19e+05 |f(x)|
   * |g(x)| ≤ 1.0e-08: true
     |g(x)| = 1.07e-11
   * Stopped by an increasing objective: false
```

```
    * Reached Maximum Number of Iterations: false
 * Objective Calls: 7
 * Gradient Calls: 7
 * Hessian Calls: 2
```

6. 零階方法

零階方法不需要計算導數，通常使用的是隨機的方法。

▶ 模擬退火法

模擬退火法（simulated annealing）是模擬鍛造時，金屬溫度高容易塑型，低溫時較不易塑型。模擬退火法會設定一個溫度，讓溫度高的時候有較高的機率跳出區域最低點，試圖向外尋求全域最低點。隨著溫度的降低，讓跳出區域最低點的機率降低，慢慢收斂。使用模擬退火法需要使用 SimulatedAnnealing()。

```
In  [30]: optimize(f, x0, SimulatedAnnealing())
```

```
Out[30]: Results of Optimization Algorithm
 * Algorithm: Simulated Annealing
 * Starting Point: [0.9993106902267606,0.9986195984483189]
 * Minimizer: [0.9993106902267606,0.9986195984483189]
 * Minimum: 4.756574e-07
 * Iterations: 1000
 * Convergence: false
    * |x - x'| ≤ 0.0e+00: false
      |x - x'| = NaN
    * |f(x) - f(x')| ≤ 0.0e+00 |f(x)|: false
      |f(x) - f(x')| = NaN |f(x)|
    * |g(x)| ≤ 1.0e-08: false
      |g(x)| = NaN
 * Stopped by an increasing objective: false
 * Reached Maximum Number of Iterations: true
 * Objective Calls: 1001
```

粒子群演算法

粒子群演算法（particle swarm algorithm）是相對單純又易於平行的演算法。假設有多個粒子被灑落在搜尋空間中，粒子如同飛鳥一般，在搜尋空間中以一定的速度移動並尋找最佳點，速度會依據自身經驗以及同伴的經驗來動態調整。使用粒子群演算法需要使用 ParticleSwarm()。

```
In  [31]: optimize(f, x0, ParticleSwarm())

Out[31]: Results of Optimization Algorithm
          * Algorithm: Particle Swarm
          * Starting Point: [0.9993106902267606,0.9986195984483189]
          * Minimizer: [1.0002612945031804,1.0005229773414335]
          * Minimum: 6.828506e-08
          * Iterations: 1000
          * Convergence: false
            * |x - x'| ≤ 0.0e+00: false
              |x - x'| = NaN
            * |f(x) - f(x')| ≤ 0.0e+00 |f(x)|: false
              |f(x) - f(x')| = NaN |f(x)|
            * |g(x)| ≤ 1.0e-08: false
              |g(x)| = NaN
            * Stopped by an increasing objective: false
            * Reached Maximum Number of Iterations: true
          * Objective Calls: 4001
          * Gradient Calls: 0
```

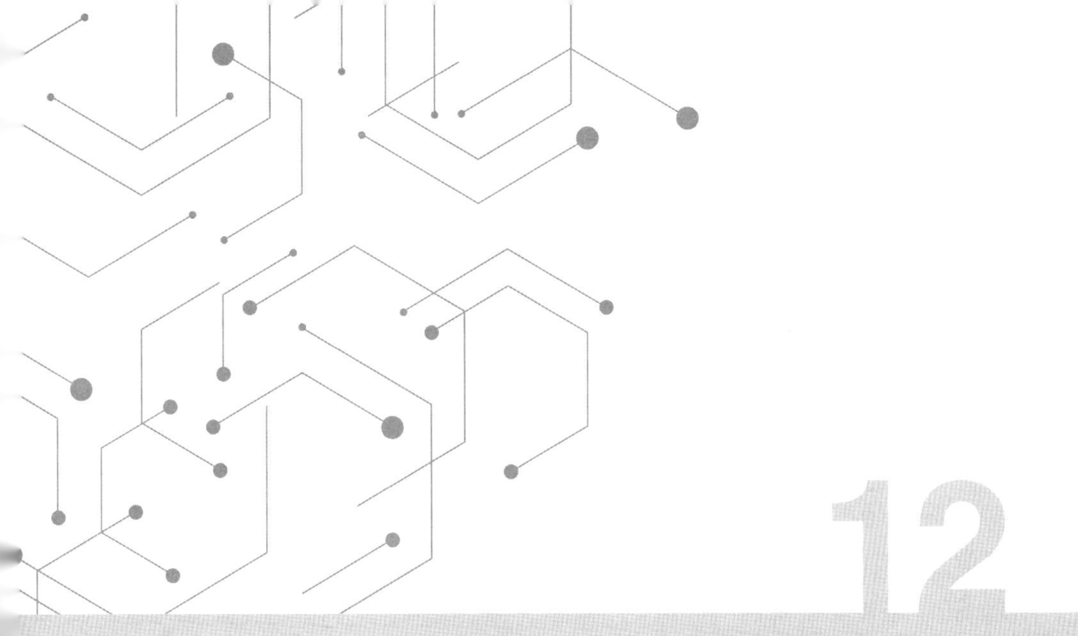

CUDA 程式設計

1. 圖形處理器與平行
2. 統一計算架構
3. Julia 的 CUDA 套件
4. CUDA 驅動層：CUDAdrv
5. CUDA 函式庫：CUDAnative
   - 撰寫 kernels
6. CUDA 應用層：CuArrays
   - 建構 CuArray
   - CuArray 運算
   - 在 CuArray 中使用自定義型別
   - 混合運算

1. 圖形處理器與平行

圖形處理器（**graphics processing unit, GPU**）是普遍在遊戲、影視、繪圖設計或是娛樂相關的軟體會要求配備的硬體之一，尤其在 3D 遊戲中更是不可或缺。GPU 跟 CPU 一樣是晶片，但與 CPU 不同的是它的設計。CPU 的設計是為了符合廣泛運算跟程式設計的需求，然而 GPU 是為了處理影像而設計的。處理影像上，有高度重複的運算，以及大型陣列的資料，所以 GPU 是為此特殊目的而設計。如此，相較起 CPU，GPU 在影像的運算上有巨大的效能優勢。

近年來，因為這樣的設計架構也能應用於圖形以外的用途，能在這樣的晶片上面做程式設計，來處理其他種類的資料。**通用圖形處理器**（**general-purpose graphics processing unit，GPGPU**）的概念也應運而生，它利用了 GPU 高度向量化運算的特點，來平行地處理大量的資料。GPGPU 讓 GPU 的晶片架構可以應用於更一般的高效能運算中。GPGPU 特別適合**單一指令多資料**（**single-instruction, multiple-data, SIMD**）的運算場景。目前有支援 GPGPU 的架構或函式庫有 CUDA、OpenCL、AMD FireStream 及 C++ AMP。

GPU 之所以可以高效能地處理影像資料，是因為它將資料拆分，並平行地讓不同的核心處理，我們稱為**資料的平行**（**data parallelism**）。GPU 當中有上千的計算核心，單一核心的時脈並不比 CPU 的時脈快，但是藉由將資料分配給眾多的核心平行處理，就可以做到比 CPU 更高的運算效能。GPU 的核心會一併執行同一個運算，而每個核心處理的卻是不同的資料，這就是 SIMD 的運算模式。

目前 GPU 在科學運算與人工智慧都有相當重要的地位。在傳統科學運算上，科學模擬往往需要非常長的運算時間，而使用 GPU 可以大大降低運算的時間。在科學運算領域有高效能運算的需求。在現今的人工智慧應用上也不遑多讓，深度學習模型都需要相當大的運算量，而模型的訓練跟推論上都是屬於矩陣運算，相當適合 GPU 的運算場景。因此，現在開發人工智慧應用軟體的開發者幾乎每個人都會使用到 GPU 的運算資源。

2. 統一計算架構

統一計算架構（Compute Unified Device Architecture，CUDA）是由 Nvidia 公司所提出的運算架構。為了達成 GPGPU 的目的，將晶片設計成讓使用者可以撰寫程式在 GPU 上執行。目前市面上的 Nvidia GPU 幾乎配備 CUDA 架構。CUDA 在很多設計上非常優良，是很多人會採用的架構。

一般的 GPU 運算跟 CPU 很不一樣。一般的程式設計是將資料儲存於主記憶體，由 CPU 將資料由硬碟取出，經 CPU 運算後存回主記憶體。讓 GPU 運算有幾個步驟。首先，要將資料從主記憶體搬移到 GPU 的記憶體，接著運算的指令經由編譯後，送到 GPU 上。這時候同時有資料與指令後，GPU 會進行運算，運算完的結果會在 GPU 的記憶體上，這時需要把資料由 GPU 記憶體搬移回主記憶體。

要在 GPU 上做程式設計，需要先了解晶片內部的架構。GPU 中包含多個處理器，最基本的單元是一個 stream processor，那是一種 SIMD 處理器。8 個 stream processor 會合成一個 multiprocessor，stream processor 會被分成兩組。當中還有暫存器（register）、共享記憶體（share memory）及兩種快取。

相對應我們要寫 CUDA 的程式，我們就需要知道在計算模型上是如何對應到底層的硬體的。在電腦當中，會將 CPU 或是 GPU 的運算資源抽象成執行緒（thread）來做管理。在 GPU 上，一條執行緒會在一個 stream processor 上執行。一個 multiprocessor 則會對應到一個 block，其中包含多個執行緒。多個 multiprocessor 則會對應到一個 grid。在 GPU 中，會有多個處理器同時處理一個運算，而 GPU 執行的單位是一個 wrap，一般是包含 32 個執行緒，也就是會有 32 個執行緒同時執行一個運算的情況。

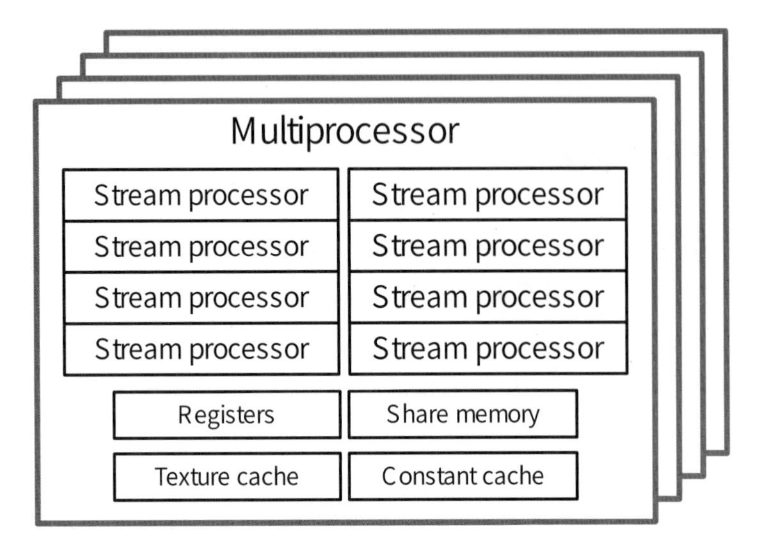

圖 12-1 GPU 晶片架構

3.Julia 的 CUDA 套件

在 Julia 中支援不少 CUDA 的功能。從底層的 CUDA 驅動到可以直接操作的 CUDA 陣列應用都已經有完善的套件可以使用了。CUDAdrv 可以取得較為底層的硬體以及驅動程式的資訊。CUDAdrv 套件可以操作一些低階的操作，像是記憶體配置、創建 context、程式模組的載入等等，將 kernel 送到 GPU 執行的基礎功能也是由 CUDAdrv 提供。CUDAnative 讓 Julia 語言本身透過自身編譯器的處理，將程式碼編譯後直接在 GPU 上執行。善用 Julia 編譯器中的表示法及結構，例如：Julia IR 及 LLVM IR 等等，可以擴展成 GPU runtime 及編譯器，取代 nvcc 編譯器，並透過 LLVM IR 可以直接編譯成 PTX。因此，Julia 語言在 CUDA 上執行運算時，多數的程式碼是不用更改的，在效能上與官方的 CUDA C 函式庫一樣好。CuArrays 提供了方便的 CUDA 陣列操作，可以很方便地將陣列轉成 CUDA 陣列，並支援 Julia 本身的陣列操作，無縫地跟語言相容。

應用層	GPUArrays	
	CuArrays	CLArrays
函式庫	CUDAnative	OpenCL
驅動層	CUDAdrv	

圖 12-2　CUDA 相關套件

在 CUDA 函式庫中包含不少功能，其中 CuArrays 套件有支援的為以下：

1. CUBLAS
2. CUFFT
3. CURAND
4. CUSOLVER
5. CUSPARSE
6. cuDNN

以下功能由 Julia 編譯器及 CUDAnative 取代：

1. CUDART
2. NVML

4.CUDA 驅動層：CUDAdrv

CUDAdrv 是一個架構在低階 CUDA 驅動 API 上的套件，提供了 CUDA 驅動等級的功能。此外，CUDAdrv 提供了自動記憶體管理的功能。

In [1]:
```
using CUDAdrv
```

CUDAdrv 提供了一些底層的硬體資訊，像是製造商。

In [2]:
```
CUDAdrv.vendor()
```
Out[2]: "NVIDIA"

透過 CuDevice 選擇 GPU 硬體，可以進一步得到硬體的型號。

In [3]:
```
dev = CuDevice(0)
CUDAdrv.name(dev)
```
Out[3]: "TITAN Xp"

version 可以提供 CUDA 版本資訊。

In [4]:
```
CUDAdrv.version()
```
Out[4]: v"10.0.0"

還有提供一些跟 CUDA 計算相關的資訊。

In [5]:
```
CUDAdrv.capability(dev)
```
Out[5]: v"6.1.0"

In [6]:
```
CUDAdrv.warpsize(dev)
```
Out[6]: 32

CuContext 在低階的操作中是必需的，相當於 CPU 的行程。

In [7]:
```
dev = CuDevice(0)
ctx = CuContext(dev)
```
Out[7]: CuContext(Ptr{Nothing} @0x0000000002c612c0, true, true)

我們可以知道這個裝置上的記憶體大小。

In [8]:
```
CUDAdrv.totalmem(dev)
```
Out[8]: 0x00000002fa410000

在低階的操作中，需要對裝置配置記憶體空間，Mem.alloc 是在指定的裝置上配置記憶體（byte 為單位）。

```
In  [9]: d_A = Mem.alloc(Mem.DeviceBuffer, 4096)
Out[9]: CUDAdrv.Mem.DeviceBuffer(CuPtr{Nothing}(0x00007f3f59c00000), 4096,
        CuContext(Ptr{Nothing}  @0x0000000002c612c0, true, true))
```

CUDAdrv 也提供了記憶體相關的資訊，info 會回傳兩個整數，分別是未配置的記憶體空間及記憶體空間總量（byte 為單位）。

```
In  [10]: CUDAdrv.Mem.info()
Out[10]: (12278890496, 12788498432)
```

在這些過程中，可能會對記憶體做一些配置，好讓資料在上面可以運算。運算完畢之後要處理資料的搬遷問題。最後，我們要用 destroy! 將 CuContext 銷毀掉。

```
In  [11]: destroy!(ctx)
```

5.CUDA 函式庫：CUDAnative

CUDAnative 支援原生的 CUDA 程式設計，它會編譯跟執行原生的 Julia kernel 到 CUDA 裝置上。CUDAnative 是 CUDART（CUDA RunTime library）及 NVRTC（NVIDIA RunTime Compilation library for CUDA C++）在 Julia 上的替代品。

▸ 撰寫 kernels

Kernel 是在高通量加速晶片上執行的程式，它需要被編譯才能在特殊晶片上執行。在 GPU、數位訊號處理器（digital signal processors，DSP）及現場可程式化邏輯閘陣列（field programmable gate array，

FPGA）都需要撰寫 kernels。在 Julia 中，我們只需要撰寫函式就能將它編譯成 kernel。

In [12]:
```
using CUDAnative, CuArrays
```

以下示範一個簡單的加法 kernel 的寫法。在撰寫 kernel 時需要熟稔 GPU 存取陣列的方式，函式會接受三個變數，我們把 a 跟 b 相加，然後存在 c 中。這三個變數都是陣列，索引值 i 需要計算 thread 及 block 的數目及索引來得到。

In [13]:
```
function vadd(a, b, c)
    i= (blockIdx().x-1) * blockDim().x + threadIdx().x
    c[i] = a[i] + b[i]
    return nothing
end
```

```
Out[13]: vadd (generic function with 1 method)
```

我們用 rand(Float32, 10) 造出一個向量，並存在主記憶體中。透過 CuArray 可以將陣列轉成 CuArray 型別，同時也將陣列傳到 GPU 的記憶體上。

In [14]:
```
a = rand(Float32, 10) b = rand(Float32, 10) ad = CuArray(a)
bd = CuArray(b)
```

```
Out[14]: 10-element CuArray{Float32,1}:
         0.1266948
         0.71152174
         0.3396665
         0.07801986
         0.023521066
         0.99216807
         0.9691801
         0.5484085
         0.68018806
         0.6062437
```

我們還需要一個空的陣列來存放計算後的數值。

```
In [15]: c = zeros(Float32, 10)
         cd = CuArray(c)
```

```
Out[15]: 10-element CuArray{Float32,1}:
          0.0
          0.0
          0.0
          0.0
          0.0
          0.0
          0.0
          0.0
          0.0
          0.0
```

將三者傳入 kernel 中給 CUDA 計算，這邊需要 @cuda 將 kernel 經由即時編譯（just-in-time compile，JIT compile）後給 GPU 執行，這邊需要指定所需要的執行緒數量 threads=10，最後就如同一般函式呼叫，使用 vadd。

```
In [16]: @cuda threads=10 vadd(ad, bd, cd)
```

我們就可以看到計算結果。

```
In [17]: cd
```

```
Out[17]: 10-element CuArray{Float32,1}:
          1.0644147
          1.2327613
          0.79354787
          0.8936409
          0.6820055
          1.2439497
          1.0336204
          1.0888036
          1.3285612
          1.2041304
```

如果要將結果傳回主記憶體，就要轉換到 Array 上。

In [18]:
```
Array(cd)
```

Out[18]: 10-element Array{Float32,1}:
```
1.0644147
1.2327613
0.79354787
0.8936409
0.6820055
1.2439497
1.0336204
1.0888036
1.3285612
1.2041304
```

6.CUDA 應用層：CuArrays

我們可以以更簡便的方法來操作 CUDA 陣列。

In [19]:
```
using CuArrays
```

▸ 建構 CuArray

如同 Julia 的陣列一般，我們可以直接創建出一個陣列，差別是在需要使用 cu 函式來將 Array 轉成 CuArray。

In [20]:
```
a = cu([1, 2, 3])
```

Out[20]: 3-element CuArray{Float32,1}:
```
1.0
2.0
3.0
```

或是直接使用 Julia 標準函式庫中的 fill 來進行填值。

In [21]:
```
a = fill(CuArray{Int}, 0, (100,))
```

Out[21]: 100-element CuArray{Int64,1}:
```
0
0
0
0
0
0
0
0
0
0
0
0
0
⋮
0
0
0
0
0
0
0
0
0
0
0
0
```

▶ CuArray 運算

在運算上，就如同我們一般操作 Julia 陣列一樣。

In [22]:
```
A = cu([1, 2, 3])
B = cu([1, 2, 3])
C = cu(rand(Float32, 3))
```

Out[22]: 3-element CuArray{Float32,1}:
```
0.10633695
0.82210684
0.6096493
```

直接使用 . 來將運算子變成向量運算。

In [23]:
```
result = A .+ B .- C
```

```
Out[23]: 3-element CuArray{Float32,1}:
 1.893663
 3.1778932
 5.390351
```

在函式的使用上也不需特別擔心，可以直接使用內建的函式或是自定義的函式。

In [24]:
```
double(a::Float32) = a * convert(Float32, 2)
result .= double.(A)
```

```
Out[24]: 3-element CuArray{Float32,1}:
 2.0
 4.0
 6.0
```

▸ 在 CuArray 中使用自定義型別

自定義型別也可以放到 CuArray 中進行運算。

In [25]:
```
struct Point
    x::Float32
    y::Float32
end
```

convert 是將型別做轉換的函式，這邊定義了可以支援數組轉換成 Point 的函式。

In [26]:
```
Base.convert(::Type{Point}, x::NTuple{2, Any}) = Point(x[1], x[2])
```

如此，就可以直接建構以 Point 為元素的 CuArray。

In [27]:
```
b = cu(Point[(1, 2), (4, 3), (2, 2)])
```

Out[27]: 3-element CuArray{Point,1}:
```
Point(1.0f0, 2.0f0)
Point(4.0f0, 3.0f0)
Point(2.0f0, 2.0f0)
```

不過，需要注意的是並不是所有型別都有辦法這樣做，以數值或是數值組成的型別才允許。

▶ 混合運算

CPU 陣列或物件可以與 CuArray 進行混合運算。在這邊沿用上面定義的 Point。

In [28]:
```
Base.:(+)(p1::Point, p2::Point) = Point(p1.x + p2.x, p1.y + p2.y)
```

如同前面的方法，我們可以造一個 CuArray。

In [29]:
```
cu_p = cu(Point[(1, 2), (4, 3), (2, 2)])
```

Out[29]: 3-element CuArray{Point,1}:
```
Point(1.0f0, 2.0f0)
Point(4.0f0, 3.0f0)
Point(2.0f0, 2.0f0)
```

在與 CPU 的 Point 物件進行運算時，物件需要用 Ref 包裝起來，計算完的結果會在 CuArray 中。

In [30]:
```
result = cu_p .+ Ref(Point(2, 2))
```

Out[30]: 3-element CuArray{Point,1}:
```
Point(3.0f0, 4.0f0)
Point(6.0f0, 5.0f0)
Point(4.0f0, 4.0f0)
```

以下有更多支援的功能：

1. 轉換及 copy! 到 CPU 陣列上。
2. 多維度的索引及 slicing，如 X[1:7, 6, :]。
3. Permutedims。
4. 串接［vcat（x, y）］。
5. map 及向量運算［zs .= xs.^2 .+ ys .* 2］。
6. fill 及 fill!。
7. reduce〔reduce（+, xs, dims=2）、sum（xs）、prod（xs）〕。
8. 各式線性代數操作，如矩陣乘法。
9. 快速傅利葉轉換，使用 Julia 的函式庫功能。

國家圖書館出版品預行編目資料

Julia資料科學與科學計算 / 杜岳華, 胡筱薇著. -- 初版. -- 台北市 : 五南, 2019.12
面 ; 公分

ISBN 978-957-763-731-4(平裝)

1. Julia(電腦程式語言)

312.32J8 108017589

1HAH

Julia資料科學與科學計算

作　　者 — 杜岳華、胡筱薇

責任編輯 — 紀易慧

文字校對 — 林芸郁

封面設計 — 姚孝慈

內文插畫 — 陳貞宇

發 行 人 — 楊榮川

總 經 理 — 楊士清

總 編 輯 — 楊秀麗

副總編輯 — 張毓芬

出 版 者 — 五南圖書出版股份有限公司

地　　址：台北市和平東路二段339號4樓

電　　話：(02) 27055066　傳真 (02) 27066100

郵撥帳號：01068953

網　　址：http://www.wunan.com.tw/

電子郵件：wunan@wunan.com.tw

戶　　名：五南圖書出版股份有限公司

法律顧問　林勝安律師事務所　林勝安律師

出版日期　2019年12月初版一刷

定　　價　新台幣480元